"十四五"职业教育部委级规划教材

NONGCHANPIN JIAGONG JISHU:
RUZHIPIN JIAGONG

农产品加工技术：乳制品加工

胡彩香 李 岩 刘 馨 / 主 编

中国纺织出版社有限公司

内 容 提 要

本书采用模块化设计思路，按照生产实际和岗位需求设计开发课程，介绍了果蔬产品、肉制品、乳制品、焙烤产品、粮油产品加工技术5个大模块，由各大类农产品加工制品下的具体产品构成多个教学项目，将新技术、新工艺、新规范、典型生产案例及时纳入教学内容，突出岗位性、专业性、实用性，提高学生专业技能。本书通俗易懂，可操作性强，适合作为中等职业院校、各类食品生产企业等相关专业人员进行农产品加工的参考用书，也可用于农民培育教材。

图书在版编目（CIP）数据

农产品加工技术/胡彩香，李岩，刘馨主编. --北京：中国纺织出版社有限公司，2022.12
ISBN 978-7-5229-0047-6

Ⅰ.①农… Ⅱ.①胡… ②李… ③刘… Ⅲ.①农产品加工—教材 Ⅳ.①S37

中国版本图书馆CIP数据核字（2022）第208450号

责任编辑：闫 婷　　责任校对：高 涵　　责任印制：王艳丽

中国纺织出版社有限公司出版发行
地址：北京市朝阳区百子湾东里A407号楼　邮政编码：100124
销售电话：010—67004422　传真：010—87155801
http://www.c-textilep.com
中国纺织出版社天猫旗舰店
官方微博 http://weibo.com/2119887771
天津千鹤文化传播有限公司印刷　各地新华书店经销
2022年12月第1版第1次印刷
开本：787×1092　1/16　印张：23.5
字数：519千字　定价：58.00元（全5册）

凡购本书，如有缺页、倒页、脱页，由本社图书营销中心调换

前　　言

　　农产品加工技术是对农业生产的动植物产品及其物料进行加工的生产技术，是促进农民就业增收的重要途径和建设社会主义新农村的重要支撑，是满足城乡居民生活需求的重要保证。农产品加工业产业关联度高、涉及面广、吸纳就业能力强、劳动技术密集，在服务"三农"、壮大县域经济、促进就业、扩大内需、增加出口、保障食品营养健康与质量安全等方面发挥重要作用。

　　本书采用模块化设计思路，按照生产实际和岗位需求设计开发课程，深入实施职业技能等级证书制度，将新技术、新工艺、新规范、典型生产案例及时纳入教学内容，突出岗位性、专业性、实用性，提高学生专业技能；将专业精神、职业精神和工匠精神融入教学任务，注重培养学生良好的职业道德和职业素养。

　　本书介绍了果蔬产品、肉制品、乳制品、焙烤产品、粮油产品加工技术5个大模块，由各大类农产品加工制品下的具体产品构成多个教学项目。每个项目以典型农产品的加工生产为例，从学习目标、任务资讯（任务案例）、任务发布、任务分析、任务实施［一、生产规范要求；二、原辅材料要求；三、加工工艺操作；四、主要质量问题及防（预防）治（解决）方法；五、成品质量标准及评价］等方面介绍不同农产品加工生产的技术，并有详细的专项实训，以便师生根据实际情况选择，实现教、学、做一体化。本书通俗易懂，可操作性强，适合作为中等职业院校、各类食品生产企业等相关专业人员进行农产品加工的参考用书，也可用于高素质农民培育教材。

　　由于笔者知识面和专业水平有限，书中不妥之处在所难免，敬请专家、读者批评指正，笔者不胜感谢。

编者
2022年10月

目 录

项目三　乳制品加工 ⋯⋯⋯⋯⋯⋯⋯⋯⋯⋯⋯⋯⋯⋯⋯⋯⋯⋯⋯⋯⋯⋯⋯⋯⋯⋯⋯⋯⋯⋯ 1

　任务一　液态乳加工 ⋯⋯⋯⋯⋯⋯⋯⋯⋯⋯⋯⋯⋯⋯⋯⋯⋯⋯⋯⋯⋯⋯⋯⋯⋯⋯⋯⋯ 1

　任务二　乳粉加工 ⋯⋯⋯⋯⋯⋯⋯⋯⋯⋯⋯⋯⋯⋯⋯⋯⋯⋯⋯⋯⋯⋯⋯⋯⋯⋯⋯⋯⋯ 14

　任务三　酸奶加工 ⋯⋯⋯⋯⋯⋯⋯⋯⋯⋯⋯⋯⋯⋯⋯⋯⋯⋯⋯⋯⋯⋯⋯⋯⋯⋯⋯⋯⋯ 25

　任务四　奶酪加工 ⋯⋯⋯⋯⋯⋯⋯⋯⋯⋯⋯⋯⋯⋯⋯⋯⋯⋯⋯⋯⋯⋯⋯⋯⋯⋯⋯⋯⋯ 37

参考文献 ⋯⋯⋯⋯⋯⋯⋯⋯⋯⋯⋯⋯⋯⋯⋯⋯⋯⋯⋯⋯⋯⋯⋯⋯⋯⋯⋯⋯⋯⋯⋯⋯⋯⋯⋯ 49

图书资源

项目三　乳制品加工

任务一　液态乳加工

学习目标

【素质目标】
1. 了解中国液态乳行业近几年基本情况
2. 能够了解地方特色牦牛乳产业特点

【技能目标】
1. 能够准确掌握液态乳的工艺流程
2. 能够掌握液态乳的关键指标参数特点

【知识目标】
1. 掌握液态乳加工的分类、定义及原料验收要求
2. 掌握液态乳的加工工艺流程
3. 掌握液态乳常见质量问题及解决办法

任务资讯（任务案例）

随着消费升级和国民健康意识的日益普及，乳制品消费结构发生转变，人均乳制品消费量逐渐提高，需求多样性为乳制品市场注入新的发展动力，中国乳制品市场空间广阔，行业赛道将更加细分。目前，我国乳制品终端消费市场形成了以液态乳为主，配方乳粉为辅的结构。

新疆作为我国第二大牧区，拥有草原面积 12 亿亩，占全国可利用草场面积的 26.8%，从宏观角度上看，发展畜牧业有着得天独厚的资源优势。新疆乳业目前的发展呈现出两极分化，主要表现在生产企业竞争的发力点主要集中在液态乳产品上，液态乳的发展势头迅猛。

在全国乳企缺奶的时候，新疆的奶却是"过剩"的，北纬 42~47 度的温带草原，极其适合牧草生长，也是世界公认的优质奶源地带，新疆草原面积广阔，其中可利用面积 7.5 亿亩，草场类型多样，牧场种类繁多，品质优良。守着本地优质奶源，新疆乳企做好对原料奶进行分类加工，将大大提高乳品的利用率以及新疆乳业的竞争力。

任务发布

针对以上情况，新疆某企业欲充分利用地理优势，增加液态奶加工产线，生产杀菌乳、灭菌乳、调制乳等产品，然而乳制品是非常容易被污染、变质的一类食品，关系着儿童至老年人群的身体健康，更加需要企业守好食品安全的第一道防线。请问该企业如何落实食品安全主体责任，在原辅料验收、主要工艺流程、生产过程卫生控制方面应满足哪些要求？生产过程中可能面临哪些质量安全问题？如何预防和改善？成品的验收标准又有什么规定？

任务分析

实施食品生产许可制管理的乳制品是指使用牛乳或羊乳及其加工制品为主要原料，加入或不加入适量的维生素、矿物质和其他辅料，使用法律法规及标准规定所要求的条件，加工制作的产品。根据《市场监管总局关于修订公布食品生产许可分类目录的公告》，乳制品的种类包括液体乳、乳粉和其他乳制品，其中液体乳有巴氏杀菌乳、高温杀菌乳、调制乳、灭菌乳和发酵乳。

依据《食品安全国家标准 巴氏杀菌乳》（GB 19645—2010），仅以生牛（羊）乳为原料，经巴氏杀菌等工序制得的液体产品。《食品安全国家标准 灭菌乳》（GB 25190—2010）中将灭菌乳分为超高温灭菌乳和保持灭菌乳，超高温灭菌乳是指以生牛（羊）乳为原料，添加或不添加复原乳，在连续流动的状态下，加热到至少132℃并保持很短时间的灭菌，再经无菌灌装等工序制成的液体产品；保持灭菌乳是指以生牛（羊）乳为原料，添加或不添加复原乳，无论是否经过预热处理，在灌装并密封之后经灭菌等工序制成的液体产品。依据《食品安全国家标准 调制乳》（GB 25191—2010）的规定，调制乳是指以不低于80%的生牛（羊）乳或复原乳为主要原料，添加其他原料或食品添加剂或营养强化剂，采用适当的杀菌或灭菌等工艺制成的液体产品。

要进行液态乳的加工，需要根据食品生产许可的要求具备环境场所、设备设施、人员制度等方面的要求，获得相应品类的食品生产许可证，才能开展生产工作。在液态乳的加工方面，首先，需要了解原料验收和加工特点，根据标准要求验收采购原料；其次，要按照液态乳的基本工艺流程和参数开展生产加工，在加工过程中要利用各种技术手段预防或解决各类产品质量安全问题，确保产品质量安全；最后，要根据成品标准对成品进行检验。

任务实施

一、生产规范要求

（一）环境场所

良好的卫生环境是生产安全食品的基础，乳品企业的生产环境应符合《食品安全国家标准 食品生产通用卫生规范》（GB 14881）、《食品安全国家标准 乳制品良好生产规范》

（GB 12693）等相关标准的要求。厂区选址应远离对食品有显著污染的区域，远离有害废弃物以及粉尘、有害气体、放射性物质和其他扩散性污染源，避免虫害、异味、粉尘等的侵扰；厂房和车间应有序而合理布局，各功能区域划分明显，并有适当的分离措施，防止乳制品加工过程中的交叉污染，避免接触有毒物、不洁物，生产车间一般包括收乳车间、原料预处理车间、灌装车间、半成品贮存及成品包装车间等；厂房和车间的内部结构如地面应使用无毒、无味、不透水的材料建造，且须平坦防滑、无裂缝并易于清洗和消毒，门窗应使用光滑、防吸附的材料，并且易于清洗和消毒，屋顶、墙壁等应选择无毒、无异味、平滑、易于清洗和消毒的浅色防水防腐材料构造。

液体乳生产车间应区分清洁作业区（包括液体乳灌装间、包材暂存间、裸露待包装的半成品贮存、充填及内包装车间）、准清洁作业区（包括如原料预处理车间）和一般作业区（包括收乳间、原料仓库、包装材料仓库、外包装车间及成品仓库等），各作业区之间应采取适当措施，防止交叉污染。车间入口处应设置更衣室，并与洗手消毒室相邻，洗手消毒室内应配置足够数量的非手动式洗手设施、消毒设施和感应式干手设施，清洁作业区的入口应设置二次更衣室，进入清洁作业区前设置消毒设施。清洁作业区的温度、相对湿度应与生产工艺相适应，空气应进行杀菌消毒或净化处理，并保持正压，企业的质量检验机构每星期均需对清洁区的空气质量进行监测，应满足相应空气洁净度要求，即空气中的菌落总数控制在30CFU/皿以下（按 GB/T 18204.1 中的自然沉降法测定），且需提交有资质的检验机构出具的空气洁净度每年的检测报告。

（二）设备设施

生产企业应具有与生产经营的液体乳品种、数量相适应的生产设备，且各个设备的能力应能相互匹配，所有生产设备应按工艺流程有序排列，避免引起交叉污染，所有生产设备的设计和构造应易于清洗和消毒，并容易检查，应有可避免润滑油、金属碎屑、污水或其他可能引起污染的物质混入食品的构造，并应制定生产过程中使用的特种设备（如压力容器、压力管道等）的操作规程，建立设备的日常维护和保养计划，定期检修，并做好记录。

设备设施包括供水设施、排水系统、清洁消毒设施、个人卫生设施、通风设施、照明设施、仓储设施以及生产、检验和监控的设备，对于巴氏杀菌乳必备的生产设备包括储奶罐、净乳设备、均质设备、巴氏杀菌设备、灌装设备、制冷设备、全自动 CIP 清洗设备、保温运输工具，调制乳必备的生产设备包括储奶罐、净乳设备、均质设备、高温杀菌或灭菌设备、灌装设备、制冷设备、全自动 CIP 清洗设备、保温运输工具（常温产品除外），灭菌乳必备生产设备包括储奶罐、制冷设备、净乳设备、均质设备、超高温灭菌设备或高温保持灭菌设备、无菌灌装设备、全自动 CIP 清洗设备。

二、原辅材料要求

根据《食品安全国家标准 巴氏杀菌乳》（GB 19645—2010）、《食品安全国家标准 灭菌乳》（GB 25190—2010）、《食品安全国家标准 调制乳》（GB 25191—2010）可知液体乳部分产品类别不同涉及的原料也有差异，其中巴氏杀菌乳的原料为生乳，需符合 GB 19301 的要求，灭菌乳原料除生乳外还可以为乳粉，调制乳的主要原料为生乳或乳粉，此外还可以有其他原料或食品添加剂或营养强化剂。

（一）生牛乳营养成分

液态乳的主要原料是生乳，列出全脂鲜牛奶的营养成分表，作为参考。根据《中国食物成分表标准版》（2018 年版），全脂鲜牛奶的主要成分见表 1。

表 1　全脂鲜牛奶一般营养素成分表（以每 100g 可食部计）

食物成分名称	食物名称 全脂纯牛奶（代表值）[1]
水分/g	87.1
能量/kJ	280
蛋白质/g	3.4
脂肪/g	3.7
碳水化合物/g	5.1
不溶性膳食纤维/g	0.0
胆固醇/mg	21
灰分/g	0.7
维生素 A/μg RAE	73
胡萝卜素/μg	—[2]
视黄醇/μg	73
维生素 B_1/mg	0.02
维生素 B_2/mg	0.12
烟酸/mg	—
维生素 C/mg	Tr[3]
维生素 E/mg	0.11
钙/mg	113
磷/mg	103
钾/mg	127
钠/mg	120.3
镁/mg	12
铁/mg	0.3
锌/mg	0.24
硒/μg	—
铜/mg	0.01
锰/mg	0.01

注：1. 代表值是指当来自不同地区的同一种食物有多个的时候，为了便于使用，《中国食物成分表标准版》（2018 年版）对不同产区或不同品种的多条同个食物营养素含量计算了 "x" 代表值。

2. 符号 "—"，表示未检测，理论上食物中应该存在一定量的该种成分，但未实际检测。

3. 符号 "Tr"，表示未检出或微量，低于目前应用的检测方法的检出限或未检出。

（二）生乳/乳粉验收要求

生乳要符合《食品安全国家标准 生乳》（GB 19301）要求，该标准在感官方面对生乳的色泽、滋味、气味和组织状态做出要求，在理化指标方面规定了生乳的冰点、相对密度、蛋白质、脂肪、杂质度、非脂乳固体以及酸度，在微生物方面给出了菌落总数的限量要求，对于污染物限量应符合 GB 2762 的规定；真菌毒素限量应符合 GB 2761 的规定；农药残留应符合 GB 2763 及 GB 31650 的规定；兽药残留量应符合国家有关规定和公告。

乳粉要符合《食品安全国家标准 乳粉》（GB 19644）要求，该标准对乳粉的色泽、滋味、气味和组织状态要求进行详细描述，对乳粉的蛋白质含量、脂肪含量、复原乳酸度、杂质度、水分指标作出相应规定，在微生物方面给出了菌落总数、大肠菌群、金黄色葡萄球菌、沙门氏菌的限量要求，对于污染物限量应符合 GB 2762 的规定；真菌毒素限量应符合 GB 2761 的规定。

（三）加工用水要求

对于使用乳粉为原料的灭菌乳和调制乳，均是通过加水复原获得的液态乳，加工用水水质需要符合《生活饮用水卫生标准》（GB 5749）中的要求。

（四）食品添加剂要求

食品添加剂的使用应符合《食品安全国家标准 食品添加剂使用标准》（GB 2760—2014）及其增补公告的要求。

（五）食品营养强化剂要求

食品营养强化剂的使用应符合《食品安全国家标准 食品营养强化剂使用标准》（GB 14880—2012）及其增补公告的要求。

（六）其他普通食品原料要求

使用的食品原料应符合相应的食品安全国家标准或行业标准，新食品原料应符合"三新食品"公告的要求。如调制乳中可添加食糖来调节产品的风味，相关原料标准如下表 2 所示。

表 2 糖和糖浆执行标准表

序号	名称	标准号
1	食品安全国家标准 食糖	GB 13104
2	食品安全国家标准 淀粉糖	GB 15203
3	白砂糖	GB/T 317
4	绵白糖	GB/T 1445
5	赤砂糖	GB/T 35884
6	红糖	GB/T 35885
7	方糖	GB/T 35888
8	冰糖	GB/T 35883
9	麦芽糖	GB/T 20883

续表

序号	名称	标准号
10	低聚异麦芽糖	GB/T 20881
11	低聚木糖	GB/T 35545
12	食用葡萄糖	GB/T 20880
13	果葡糖浆	GB/T 20882
14	葡萄糖浆	GB/T 20885

三、加工工艺操作

依据《企业生产乳制品许可条件审查细则（2010版）》，巴氏杀菌乳的工艺流程一般包括：原料乳验收、净乳、冷藏、标准化、均质、巴氏杀菌、冷却、灌装、冷藏。

灭菌乳的工艺流程一般包括：原料乳验收、净乳、冷藏、标准化、预热、均质、超高温瞬时灭菌、冷却、无菌灌装（或保持灭菌）、成品储存。

调制乳的工艺流程一般包括：原料乳验收、净乳、冷藏、标准化、均质、高温杀菌或其他杀菌、灭菌方式、冷却、灌装、冷藏（需冷藏的产品）。

企业可根据产品类型、生产设备、生产场所情况必要时进行适当调整。但调整产品工艺流程及设备时，应提交必要性和安全性报告。

（一）巴氏杀菌乳加工工艺

1. 工艺流程

原料乳验收→净乳→冷藏→标准化→均质→巴氏杀菌→冷却→灌装→冷藏

2. 操作要点

（1）原料乳验收。原料乳验收按照本章节中原料验收要求进行，在巴氏杀菌乳的生产中不能使用复原乳。此外若生乳无法立刻进行加工生产，应将其在4±2℃条件下存放，存储时间不超过24h。

（2）净乳。按照巴氏杀菌乳的工艺，运输到工厂检验合格的生乳，首先要进行过滤、净化，以去除乳中的机械杂质、上皮细胞等，并减少微生物数量。净乳过程中生乳的温度应保持在30~32℃。为达到好的净化效果，应控制离心净乳机的进料量，通常不超过额定数的90%。

（3）冷藏。乳的营养性也让其容易滋生微生物，因此若不立刻进行加工应在净乳后迅速冷却到4℃左右，抑制微生物的繁殖。

（4）标准化。原料乳中的脂肪和非脂乳固体的含量因其产地、品种和季节等原因使原料有一定的差别，标准化操作流程是为了让原料乳含有规定的脂肪、蛋白质含量。标准化之前的第一步必须把全脂乳按预先设定好的含脂率分离成脱脂乳和稀奶油，当原料乳中的含脂率低于或高于标准要求时，为了调高或降低含脂率，将分离出来的脱脂乳或稀奶油与全脂乳在乳罐中混合，以达到预期的含脂率，如当标准化含脂率要求高于原料乳时，可按计算比例添加部分稀奶油混合以达到要求值。

（5）均质。均质的目的是对乳中的脂肪球进行机械处理，使它们分散成较小的脂肪球，从而均匀地分散在乳中，口感丰盛浓厚、风味良好又易于消化吸收，未均质的牛乳容易结成团块，易上浮，影响乳的感官质量。牛乳的温度也会影响到均质的效果，一般先将原料乳预热至60~65℃，采用二级均质（二段式）来完成，第一阶段均质采用较高压力（16.7~20.6MPa）将脂肪球进行破碎，第二阶段均质采用较低的压力（3.4~4.9MPa）将已破碎的小脂肪球均匀分散，防止粘连。

（6）巴氏杀菌。杀菌是牛乳加工的重要工艺之一，恰当的热处理条件，能够延长产品的保质期。从微生物的角度考虑，乳的热处理强度是越强越好，但是高温也会破坏牛乳中的蛋白质，因此，杀菌温度和时间的组合选择必须考虑到微生物和产品的质量两个方面。我国农业行业标准《巴氏杀菌乳和UHT灭菌乳中复原乳的鉴定》（NY/T 939—2016）中提到的巴氏杀菌乳灭菌处理方式有3种分别为，低温长时间（63~65℃，30min）或高温短时间（72~76℃，15s；或80~85℃，10~15s），企业通常采用85℃的杀菌温度。

（7）冷却。巴氏杀菌乳经过杀菌后不能马上灌装，虽然杀菌的过程中可以杀灭较多的微生物，但是后续的操作中还是可能受到污染，为了抑制细菌的繁殖，越快冷却至4℃越好。

（8）灌装。灌装主要是为了防止杂质的混入成品引起再次污染，巴氏杀菌乳常用包括玻璃瓶、塑料瓶、塑料袋等。

（二）灭菌乳加工工艺

1. 工艺流程

原料乳验收→净乳→冷藏→标准化→预热→均质→超高温瞬时灭菌→冷却→无菌灌装（或保持灭菌）→成品储存

2. 操作要点

（1）原料乳验收。用于灭菌处理的牛乳质量要求较高，牛乳应新鲜，酸度较低，尤其是乳中的蛋白质在加热的过程中不会变性，质量较差的原料乳会给生产加工和终产品带来负面影响，若使用乳粉为原料应按比例溶解乳粉，一般在40~50℃下需20min完全溶解复原。

（2）净乳、冷藏、标准化、预热、均质。同巴氏杀菌乳要求，但预热与均质温度为75℃左右。

（3）超高温瞬时灭菌。超高温灭菌乳灭菌处理工艺为在连续流动的状态下，加热到至少132℃并保持很短时间，行业一般使用138~140℃，3~5s的灭菌方式，由于时间很短，乳的风味、性状和营养价值都无改变，而耐热菌如芽胞菌等在此温度下都可被杀死，杀菌较彻底。

目前，超高温灭菌的方法有两种，为直接蒸汽加热法和间接蒸汽加热法。直接加热法是用蒸汽直接加热物料，接着急剧冷却，在闪蒸过程中将注入蒸汽蒸发。直接加热法最大的优点是快速加热和快速冷却，最大限度地减少超高温处理过程中可能发生的物理变化和化学变化。间接加热是通过热交换器间接加热产品的过程，同样，产品冷却也可间接通过各种冷却剂来实现。

（4）冷却。灭菌后的乳应迅速降至10℃以下，产品的冷却一般都采用片式热交换器进行冷、热制品之间的热交换。

（5）无菌灌装。冷却后的乳要进入无菌平衡罐，因此对无菌平衡罐要进行严格灭菌，并且在灭菌后要通入无菌气体并保持正压。无菌包装机在生产前也必须严格灭菌，并且使与包装物接触的部位处在无菌状态下，另外还要用高浓度的双氧水将包装材料做杀菌处理。

（三）调制乳加工工艺

1. 工艺流程

原料乳验收→净乳→冷藏→标准化→均质→高温杀菌或其他杀菌、灭菌方式→冷却→灌装→冷藏（需冷藏的产品）。

2. 操作要点

常见调制乳包括钙强化乳、维生素强化乳、低乳糖或无乳糖乳、风味乳等。以钙强化乳为例进行介绍，钙强化乳需在产品配方研发时确定需要强化的量，此方面主要考虑满足目标人群钙的推荐摄入量及 GB 14880 中对调制乳强化钙时相应使用量及化合物来源的要求，并最终在实际生产中按配方添加使用，其生产工艺为原料乳验收、净乳、冷藏、标准化、添加相应营养强化剂及其他食品添加剂、均质、灭菌、冷却、灌装、冷藏（需冷藏的产品）。

调制乳的工艺大致与巴氏杀菌乳、灭菌乳无异，根据不同的成分调整目标在标准化操作前后根据具体要求添加原辅料即可，同时应额外考虑加入的原辅料性质并据此对工艺进行微调。

四、主要质量问题及防（预防）治（解决）方法

液体乳在生产、储藏及销售过程中可能会有存在异味、褐变、酸度不合格、涨包等质量与安全问题，以下对这些现象产生的原因进行分析，并介绍常用的解决方法。

（一）存在异味

液体乳的风味主要来自原料乳中乳糖、蛋白质（主要为酪蛋白）以及脂肪等物质的降解，其中乳脂氧化的产物会引发令人不愉悦的气味，通常被描述为金属味、油脂味、油腻味等，而加工过程的温度会促进脂肪热降解（例如过氧化物的加速降解，导致产生异味物质的形成），例如巴氏杀菌过程，可直接影响到液体乳风味或异味的发生机制，因此在工艺设计时不仅需要考虑杀菌效果还应将风味影响纳入考量，在生产过程中应严格控制杀菌的温度。

此外未进行适当处理的饲料饲草也可通过乳牛呼吸道、消化道进入生鲜乳中，如发酵的糟渣类饲料、异味重的野草；场区、牛舍、挤奶间由于设计不合理通风能力差、管理不严格等原因造成环境空气质量恶化出现的明显异味，同样可通过呼吸系统进入生鲜乳，因此企业在采购生鲜乳时需对上游供应商保障生鲜乳质量和安全的能力进行严格审查，并按照原料乳验收标准严格把控。

（二）褐变

乳制品中含有丰富的蛋白质和还原糖，因此在热处理过程中易发生褐变反应，该类反应属于非酶褐变，主要是酪蛋白末端的氨基酸——赖氨酸的游离氨基与乳糖的羰基发生反应即

美拉德反应，其次是乳糖的焦糖化反应。美拉德反应途径是乳制品中最重要的反应之一，在乳制品加热处理和储藏过程中不可避免发生美拉德反应使大量的氨基酸（如赖氨酸）等被束缚或破坏，导致营养价值明显下降，因此液体乳生产者应深入了解乳制品加工过程中美拉德反应的主要历程及产生的美拉德反应标示物，以此优化生产工艺条件如灭菌温度及时间，在生产过程中严格按照经过验证的工艺流程控制产品质量。

（三）酸度不合格

乳制品中的酸度是可代表乳新鲜程度的理化指标，酸度不合格（官方抽检数据显示酸度不合格的产品，常见检测值属于超出国标要求上限的情况，即大于18°T）一般是由乳酸菌（lactic acid bacteria，LAB）发酵引起，这种情况下会影响饮用口感，同时伴随腐败变质的可能；酸度不合格也可能由微生物超标引起，这种情况饮用了乳制品后可能会出现腹痛、腹泻等症状，常见原因为食品生产加工或制作过程因环境、条件、设备等达不到要求，或是产品在售卖过程中储存不当。

预防措施：原辅料的选择与产品质量关系密切，原辅料质量合格是确保产品质量安全的前提，原料乳中的蛋白质、脂肪及酸度、微生物等指标都会对产品质量造成影响，食品生产者需要对原辅料进行管控；另外，灭菌环节与液体乳中微生物含量有较大关系，生产企业应对灭菌环节进行重点控制，并加强生产过程中卫生条件，及储运条件的控制，提高液体乳合格率，避免违规造成的损失。

（四）坏包

市面上出现坏包的液体乳，主要是由微生物超标引起的。乳中微生物主要污染途径有以下两种，在成品液体乳中主要为外源性污染。

内源性污染：乳在挤出之前受到微生物的污染，当乳畜患有结核病等人畜共患病时，可引起内源性污染。

外源性污染：乳挤出后被微生物污染，引起二次污染的微生物数量和种类比一次污染的要多且复杂，在乳制品微生物污染方面占有重要的地位，可以概括为体表的污染、环境的污染、容器和设备的污染。例如在超高温灭菌或无菌灌装过程中微生物污染，容易导致坏包，此类产品对生产的技术条件和环境卫生状况要求较高。生产设备控制不好，产品灭菌就会不彻底；灭菌后的无菌灌装，如果环境卫生有问题，同样会导致微生物污染，造成坏包。

预防措施：灭菌环节与液体乳中微生物含量有较大关系，液体乳生产企业应对灭菌环节进行重点控制，并加强生产过程中卫生条件，以及储运条件的控制，提高液体乳合格率，避免违规造成的损失。

五、成品质量标准及评价

《食品安全国家标准　巴氏杀菌乳》（GB 19645—2010），标准规定了巴氏杀菌乳的感官要求、理化指标、污染物限量、真菌毒素限量以及微生物限量等内容，其中污染物限量应符合 GB 2762 的规定，真菌毒素限量应符合 GB 2761 的规定。

《食品安全国家标准　灭菌乳》（GB 25190）标准规定了灭菌乳的感官要求、理化指标、污染物限量、真菌毒素限量以及微生物要求，其中污染物限量应符合 GB 2762 的规定，真菌毒素限量应符合 GB 2761 的规定。

《食品安全国家标准 调制乳》（GB 25191—2010）标准规定了调制乳的感官要求、理化指标、污染物限量、真菌毒素限量、微生物限量等内容、食品添加剂以及营养强化剂等内容，其中污染物限量应符合 GB 2762 的规定，真菌毒素限量应符合 GB 2761 的规定，食品添加剂和营养强化剂在符合相应的安全标准和有关规定的基础上，还应符合 GB 2760 和 GB 14880 的规定。

依据上述规定，整理可巴氏杀菌乳、灭菌乳和调制乳的指标体系表，详见表3~表5。

表3 全脂巴氏杀菌乳（牛乳）

产品指标		指标要求	标准法规来源	检验方法
原料要求		生乳应符合 GB 19301 的要求		
感官要求	色泽	呈乳白色或微黄色	GB 19645	GB 19645
	滋味、气味	具有乳固有的香味，无异味		
	组织状态	呈均匀一致液体，无凝块、无沉淀、无正常视力可见异物		
理化指标	脂肪	≥3.1g/100g	GB 19645	GB 5009.6
	蛋白质	≥2.9g/100g		GB 5009.5
	非脂乳固体	≥8.1g/100g		GB 5413.39
	酸度	12~18°T		GB 5009.239
微生物限量	菌落总数	$n=5$，$c=2$，$m=50000$，$M=100000$CFU/g（mL）		GB 4789.2
	大肠菌群	$n=5$，$c=2$，$m=1$，$M=5$CFU/g（mL）		GB 4789.3 平板计数法
真菌毒素限量	黄曲霉毒素 B_1	≤0.5μg/kg	GB 2761	GB 5009.24
污染物限量	总汞	≤0.01mg/kg（以 Hg 计）	GB 2762	GB 5009.17
	铅	≤0.05mg/kg（以 Pb 计）		GB 5009.12
	铬	≤0.3mg/kg（以 Cr 计）		GB 5009.123
	总砷	≤0.1mg/kg（以 As 计）		GB 5009.11
	锡	≤250mg/kg（以 Sn 计。仅适用于采用镀锡薄板容器包装的食品）		GB 5009.16
	三聚氰胺	≤2.5mg/kg	关于三聚氰胺在食品中的限量值的公告	GB/T 22388
致病菌限量	沙门氏菌	$n=5$，$c=0$，$m=0/25$g（mL），$M=-$	GB 29921	GB 4789.4
	金黄色葡萄球菌	$n=5$，$c=0$，$m=0/25$g（mL），$M=-$		GB 4789.10

表 4　全脂灭菌乳（牛乳）

产品指标		指标要求	标准法规来源	检验方法
原料要求		生乳：应符合 GB 19301 的规定	GB 25190	
感官要求	色泽	呈乳白色或微黄色		GB 25190
	滋味、气味	具有乳固有的香味，无异味		
	组织状态	呈均匀一致液体，无凝块、无沉淀、无正常视力可见异物		
理化指标	脂肪	≥3.1g/100g		GB 5009.6
	蛋白质	≥2.9g/100g		GB 5009.5
	非脂乳固体	≥8.1g/100g		GB 5413.39
	酸度	12~18°T		GB 5009.239
微生物限量		应符合商业无菌的要求		GB 4789.26
真菌毒素限量	黄曲霉毒素 B_1	≤0.5μg/kg	GB 2761	GB 5009.24
污染物限量	总汞	≤0.01mg/kg（以 Hg 计）	GB 2762	GB 5009.17
	铅	≤0.05mg/kg（以 Pb 计）		GB 5009.12
	铬	≤0.3mg/kg（以 Cr 计）		GB 5009.123
	总砷	≤0.1mg/kg（以 As 计）		GB 5009.11
	锡	≤250mg/kg（以 Sn 计。仅适用于采用镀锡薄板容器包装的食品）		GB5009.16
	三聚氰胺	≤2.5mg/kg	关于三聚氰胺在食品中的限量值的公告	GB/T 22388
致病菌限量	沙门氏菌	$n=5$，$c=0$，$m=0/25g$（mL），$M=$—	GB 29921	GB 4789.4

表 5　全脂调制乳（非灭菌工艺生产）

产品指标		指标要求	标准法规来源	检验方法
原料要求		生乳：应符合 GB 19301 的规定 其他原料：应符合相应的安全标准和/或有关规定	GB 25191	GB 25191
感官要求	色泽	呈调制乳应有的色泽		
	滋味、气味	具有调制乳应有的香味，无异味		
	组织状态	呈均匀一致液体，无凝块、可有与配方相符的辅料的沉淀物、无正常视力可见异物		
理化指标	脂肪	≥2.5g/100g		GB 5009.6
	蛋白质	≥2.3g/100g		GB 5009.5

续表

产品指标		指标要求	标准法规来源	检验方法
微生物限量	菌落总数	$n=5$, $c=2$, $m=50000$, $M=100000$CFU/g（mL）	GB 25191	GB 4789.2
	大肠菌群	$n=5$, $c=2$, $m=1$, $M=5$CFU/g（mL）		GB 4789.3 平板计数法
真菌毒素限量	黄曲霉毒素 B_1	≤0.5μg/kg	GB 2761	GB 5009.24
污染物限量	总汞	≤0.01mg/kg（以 Hg 计）	GB 2762	GB 5009.17
	铅	≤0.05mg/kg（以 Pb 计）		GB 5009.12
	铬	≤0.3mg/kg（以 Cr 计）		GB 5009.123
	总砷	≤0.1mg/kg（以 As 计）		GB 5009.11
	锡	≤250mg/kg（以 Sn 计。仅适用于采用镀锡薄板容器包装的食品）		GB 5009.16
	三聚氰胺	≤2.5mg/kg	关于三聚氰胺在食品中的限量值的公告	GB/T 22388
致病菌限量	沙门氏菌	$n=5$, $c=0$, $m=0/25$g（mL）, $M=$—	GB 29921	GB 4789.4
	金黄色葡萄球菌	$n=5$, $c=0$, $m=0/25$g（mL）, $M=$—		GB 4789.10

实训工作任务单

学习项目	液态乳加工技术	工作任务	巴氏杀菌乳制作
时间		工作地点	
任务内容	原料乳的净化处理、标准化操作，均质过程控制，巴氏杀菌乳杀菌，巴氏杀菌乳生产过程中存在的质量问题与解决方法		
工作目标	素质目标 1. 了解中国液态乳行业近几年基本情况 2. 能够了解地方特色牦牛乳产业特点 技能目标 1. 能够准确掌握液态乳的工艺流程 2. 能够掌握液态乳的关键指标参数特点 知识目标 1. 掌握液态乳加工的分类、定义及原料验收要求 2. 掌握液态乳的加工工艺流程 3. 掌握液态乳常见质量问题及解决办法		
产品描述	请描述该产品的特点，感官性状，营养成分等		
实验设备	请列举本次实验使用的设备，并描述操作要点		

续表

操作要点	请根据课程学习和实验操作填写巴氏杀菌乳制作的工艺流程和操作要点
成果提交	实训报告,液态乳产品
相关标准/验收标准	请根据课程学习和实验操作填写巴氏杀菌乳的相关验收标准,包括指标名称、指标要求、检测方法、来源标准法规
实验心得	本次实验有哪些收获?产品的关键控制点和容易出现的问题有哪些
提示	

工作考核单

学习项目	液态乳加工技术		工作任务		巴氏杀菌乳制作	
班级			组别		(组长)姓名	

序号	考核内容	考核标准	分数	权重		
				自评	组评	教师评
				30%	30%	40%
1	学习态度	积极主动,实事求是,团队协作,律己守纪				
2	组织纪律	上课考勤情况				
3	任务领会与计划	理解生产任务目标要求,能查阅相关资料,能制订生产方案				
4	任务实施	能根据生产任务单和作业指导书实施生产步骤,完成任务				
5	项目验收	依据相关技术资料对完成的工作任务进行评价				
6	工作评价与反馈	针对任务的完成情况进行合理分析,对存在问题展开讨论,提出修改意见				
	合计					

评语	

指导老师签字_____

任务二　乳粉加工

学习目标

【素养目标】
1. 了解中国乳粉行业近几年基本情况
2. 了解地方乳及乳粉行业发展概况

【技能目标】
1. 能够根据标准要求进行乳粉加工原辅料的验收
2. 能够根据成品特点对加工工艺参数进行调整
3. 能够预防和解决乳粉加工过程中的主要质量安全问题

【知识目标】
1. 掌握生乳的主要理化成分和加工特点
2. 掌握乳粉加工的主要原辅料及其验收要求
3. 掌握乳粉加工的主要工艺流程和关键工艺参数
4. 掌握乳粉加工中的主要质量安全问题及防（预防）治（解决）方法
5. 掌握乳粉成品的质量安全标准要求及其评价方法

任务资讯（任务案例）

（一）中国乳粉行业现状

乳制品含有丰富且易吸收的营养物质，一直以来被认为是"健康产业"，随着乳制品加工工艺的发展，市场上出现越来越多种类的乳制品供消费者选择。我国乳制品行业起步晚、起点低，但随着消费升级、奶制品结构不断优化以及工艺高速发展，近年来行业发展迅速。

2020年我国乳制品销售规模达到了6385亿，较2019年增长0.9%，近14年年均复合增长率为10%左右。乳粉以贮藏方便、便于运输等特点成为我国乳制品行业的主要组成部分，随着人们生活水平的不断提高，乳品企业开始根据营养价值的不同研究出多种调制乳粉，丰富的营养和食用的便捷性将推动乳粉产业上升一个新的高度。

（二）新疆乳及乳粉行业发展概况

新疆地域辽阔、气候干燥、极少喷洒药物，作为我国牧业大省，具有发展奶业的得天独厚的自然条件，新疆奶类产品总产量也从1979年的产量70.43万吨增长到2012年的203.8万吨。新疆的爱自然品牌牛奶，在2019年12月23日，入选为"中国农产品百强标志性品牌"。但是受人口、饮奶习惯等因素影响，乳粉生产加工却相对滞后，导致我国乳粉在国际上的发展与世界其他国家相比较缓慢。一是乳粉产业整体结构单一，同质化严重，生产研发能力薄弱，导致优质奶源不能被国内人群获取，疆内生产的工业奶粉90%以上外销，对外依赖性高，更易受到进口大包奶粉冲击，产业发展不稳定。二是市场拓展能力弱，我国国内市场还有很大拓展空间，保证乳产品产销平衡是保证新疆奶业持续、健康发展的前提。三是运输难题，新疆农牧业大多在偏远地区，公路通路率低，一般散装奶很难在运输过程中保证奶制品品质。

《中华人民共和国国民经济和社会发展第十二个五年规划纲要》（"十二五"规划）要求我国要加快乳制品工业结构调整，逐步改变以液体乳为主的单一产品类型局面，鼓励发展适合不同消费者需求的特色、高品质、功能性乳制品，改变重复建设严重局面。在《规划》等利好政策推动下，乳粉行业的发展将会迎来新一轮跨越式发展。

任务发布

随着其他领先乳业强企间的激烈竞争，乳制品的大众化消费被不断普及。新疆某企业欲生产一款乳粉或调制乳粉，既能有竞争性，又能保证不再出现"三聚氰胺"和"丙二醇"等食品安全事件，请问该企业生产乳粉和调制乳粉的原辅料验收标准是什么？生产规范要求是什么？生产工艺流程有哪些？生产过程中的质量问题及预防和解决方法是什么？该企业生产的乳粉合格评定标准有哪些？

任务分析

依据《食品安全国家标准 乳粉》（GB 19644—2010），乳粉有两种，即乳粉和调制乳粉，乳粉是以生牛（羊）乳为原料，经加工制成的粉状产品；调制乳粉是以生牛（羊）乳或及其加工制品为主要原料，添加其他原料，添加或不添加食品添加剂和营养强化剂，经加工制成的乳固体含量不低于70%的粉状产品。

要进行乳粉和调制乳粉的加工，需要根据食品生产许可的要求具备环境场所、设备设施、人员制度等方面的要求，获得相应品类的食品生产许可证，才能开展生产工作。在乳粉的加工方面，首先，需要了解原料乳的特点，以及原料乳的主要理化成分和加工特点，根据标准要求验收采购原料；其次，要按照乳粉加工的基本工艺流程和参数开展生产加工，在加工过程中要利用各种技术手段预防或解决各类产品质量安全问题，确保产品质量安全；最后，要根据成品标准对成品进行检验。

任务实施

一、生产规范要求

（一）环境场所

良好的卫生环境是生产安全食品的基础，乳粉生产企业的生产环境应符合《食品安全国家标准 食品生产通用卫生规范》（GB 14881）、《食品安全国家标准 乳制品良好生产规范》

（GB 12693）等相关标准的相关要求，厂区选址应远离污染源，周围无虫害大量孳生的潜在场所，环境整洁。厂区布局合理，各功能区域划分明显，包括原辅料库、生产车间、检验室等；设计与布局合理，便于设备的安装、清洗、消毒等；道路硬化，铺设混凝土、沥青、或者其他硬质材料；厂区绿化与生产车间保持适当距离，生活区及生产区分开。有合理的排水系统，污水处理设施等应当远离生产区域和主干道，并位于主风向的下风处，排放应符合相关规定。生产区建筑物与外源公路或道路应保持一定距离或封闭隔离，并设有防护措施。厂区内禁止饲养禽、畜。车间内生产工艺布局合理，满足食品卫生操作要求，根据产品特点、生产工艺及生产过程对清洁程度的要求，合理划分作业区，避免交叉污染。

乳粉的生产车间依照清洁度要求一般分为清洁作业区、准清洁作业区、一般作业区。其中，清洁作业区清洁度要求高的作业区域，适用于裸露待包装的半成品贮存、充填及内包装车间等；准清洁作业区清洁度要求低于清洁作业区的作业区域，适用于原料预处理车间等；一般作业区清洁度要求低于准清洁作业区的作业区域，适用于收乳间、原料仓库、包装材料仓库、外包装车间及成品仓库等。

厂房和车间的布局应能防止乳制品加工过程中的交叉污染，避免接触有毒物、不洁物。车间内清洁作业区、准清洁作业区与一般作业区之间应采取适当措施，防止交叉污染。

（二）设备设施

乳粉生产企业应配备与生产能力和实际工艺相适应的设备，生产设备应有明显的运行状态标识，并定期维护、保养和验证。设备安装、维修、保养的操作不应影响产品质量和食品安全。设备应进行验证或确认，确保各项性能满足工艺要求，无法正常使用的设备应有明显标识。

乳粉生产所需设备一般包括：储奶设备、净乳设备、高压均质机、制冷设备、配料设备、浓缩设备、杀菌设备、真空干燥设备、包装设备、清洗设备等，设备鼓励采用全自动设备，避免交叉污染和人员直接接触待包装食品。根据工艺需要配备包装容器清洁消毒设施，如使用周转容器生产，应配备周转容器的清洗消毒设施。做好定期检查和维修工作，每次生产前需检查设备是否处于正常状态，以避免产品发生卫生质量风险。

二、原辅材料要求

（一）生乳的营养成分

乳粉的主要原料是生牛（羊）乳，列出全脂鲜牛奶和羊乳的营养成分表，作为参考。根据《中国食物成分表标准版》（2018年版），全脂鲜牛奶、羊乳的主要成分见表1。

表1 全脂鲜牛奶、羊乳一般营养素成分表（以每100g可食部计）

食物成分名称	食物名称	
	全脂鲜牛奶（代表值)[1]	羊乳
水分/g	87.1	88.9
能量/kJ	280	247
蛋白质/g	3.4	1.5
脂肪/g	3.7	3.5

续表

食物成分名称	食物名称	
	全脂鲜牛奶（代表值）[1]	羊乳
碳水化合物/g	5.1	5.4
不溶性膳食纤维/g	0.0	0.0
胆固醇/mg	21	31
灰分/g	0.7	0.7
维生素 A/μgRAE	73	84
胡萝卜素/μg	—[2]	—
视黄醇/μg	73	84
维生素 B_1/mg	0.02	0.04
维生素 B_2/mg	0.12	0.12
烟酸/mg	—	2.10
维生素 C/mg	Tr[3]	—
维生素 E/mg	0.11	0.19
钙/mg	113	82
磷/mg	103	98
钾/mg	127	135
钠/mg	120.3	20.6
镁/mg	12	—
铁/mg	0.3	0.5
锌/mg	0.24	0.29
硒/μg	—	1.75
铜/mg	0.01	0.04
锰/mg	0.01	—

注：1. 代表值是指当来自不同地区的同一种食物有多个的时候，为了便于使用，《中国食物成分表标准版》（2018年版）对不同产区或不同品种的多条同个食物营养素含量计算了"x"代表值。

2. 符号"—"，表示未检测，理论上食物中应该存在一定量的该种成分，但未实际检测。

3. 符号"Tr"，表示未检出或微量，低于目前应用的检测方法的检出限或未检出。

（二）生乳的验收要求

依据《食品安全国家标准 乳粉》（GB 19644），乳粉的原料应符合相应的食品标准和有关规定。主要原料生牛乳应符合《食品安全国家标准 生乳》（GB 19301）的要求，其中污染物限量应符合 GB 2762 的规定，真菌毒素限量应符合 GB 2761 的规定，农药残留应符合 GB 2763 的规定，兽药残留量应符合 GB 31650 的规定。

（三）生产用水要求

水是生产活动中必不可少的，无论是用于生产加工，还是用于食品接触面的清洁，水源都需要满足《生活饮用水卫生标准》（GB 5749）中的要求。水源通常来自地表水、地下水和自来水，不同水源具有不同的特点。乳制品生产企业多设于城市及其周边，因此城市自来水是主要的用水来源。城市自来水主要是指地表水经过适当的水处理工艺，水质达到一定要求并贮存在水塔中的水，水质好且稳定，符合生活饮用水标准；水处理设备简单，容易处理，一次性投资小；但水价高，经常使用费用大；使用时要注意控制 Cl^-、Fe^{3+} 含量及碱度、微生物量。

三、加工工艺操作

依据《企业生产乳制品许可条件审查细则》（2010版），乳粉的工艺流程一般包括：

湿法工艺：原料乳验收→净乳→冷藏→标准化→均质→杀菌→浓缩→喷雾干燥→筛粉、晾粉或经过流化床→包装。

干法工艺：原料粉称量→拆包（脱外包）→内包装袋的清洁→隧道杀菌→预混→混料→包装。

牛初乳粉：牛初乳的预处理→杀菌→离心脱脂→低温干燥→包装。

全脂奶粉、脱脂奶粉、部分脱脂奶粉不得采用干法工艺生产。

（一）全脂乳粉的生产加工

全脂乳粉是以生牛（羊）乳为原料，经加工制成的粉状产品。基本保持了乳中的原有营养成分，脂肪不低于26%，与液态乳比较，全脂乳粉能使产品较长期保藏。

1. 工艺流程

原料乳→净乳→均质→杀菌→浓缩→干燥→冷却→灌装→成品。

2. 操作要点

（1）原料乳的验收及预处理：原料验收，初步确定为合格牛奶后，开始净乳，初步剔除杂质和细菌。

（2）均质：将原乳中的脂肪、蛋白质经过均质过程均匀地分散在产品中。均质后脂肪球变小，从而有效防止脂肪上浮，更加易于消化吸收。

（3）杀菌处理：牛乳常用的杀菌方法较多，不同的产品会根据本身的特性选择合适的杀菌方法。最常见的是采用高温短时灭菌法，营养成分损失较小。

（4）真空浓缩：杀菌后立即泵入真空蒸发器进行减压浓缩，除去乳中大部分水分后进入燥塔中进行喷雾干燥。

全脂乳粉浓度：11.5~13°Bé；相应乳固体含量：38%~42%；

脱脂乳粉浓度：20~22°Bé；相应乳固体含量：35%~40%；

（5）喷雾干燥：浓缩乳中仍然含有较多水分，必须经过此步骤才能得到乳粉。

（6）冷却：在不设置2次干燥的设备中，需要冷却（40℃以下）以防脂肪分离，然后过筛后包装。经过粉筛送入仓库待包装。

（二）调制乳粉的加工技术

调制乳粉是以生牛（羊）乳或及其加工制品为主要原料，添加其他原料，添加或不添加食品添加剂和营养强化剂，经加工制成的乳固体含量不低于70%的粉状产品。

1. 工艺流程

原料乳→添加配料→净乳→均质→杀菌→浓缩→干燥→冷却→灌装→成品。

2. 操作要点

（1）原料乳的验收及预处理：原料验收，初步确定为合格牛奶后，开始净乳，初步剔除杂质和细菌。

（2）添加配料：配料比例按照产品要求制定。需要配料缸、水粉混合器、加热器等设备，将奶粉所需的微生物、微量元素等各种辅料添加进去。

（3）均质：将原乳中的脂肪、蛋白质经过均质过程均匀的分散在产品中。均质后脂肪球变小，从而有效防止脂肪上浮，更加易于消化吸收。

（4）杀菌处理：牛乳常用的杀菌方法较多，不同的产品会根据本身的特性选择合适的杀菌方法。最常见的是采用高温短时灭菌法，营养成分损失较小。

（5）真空浓缩：杀菌后立即泵入真空蒸发器进行减压浓缩，除去乳中大部分水分后进入燥塔中进行喷雾干燥，降低质量和降低成本。

全脂乳粉浓度：11.5~13°Bé；相应乳固体含量：38%~42%；

脱脂乳粉浓度：20~22°Bé；相应乳固体含量：35%~40%；

（6）喷雾干燥：浓缩乳中仍然含有较多水分，必须经过此步骤才能得到乳粉。

（7）冷却：在不设置2次干燥的设备中，需要冷却（40℃以下）以防脂肪分离，然后过筛后包装。经过粉筛送入仓库待包装。

（三）乳粉加工废弃物处理

乳品废水主要含有大量可溶性有机物，包括糖类、淀粉、蛋白质、脂肪酸、污水可生化性好，且不含有毒有害物质，也不含大颗粒悬浮物质，废水呈乳白色，属中高浓度污水。对污水采用"混合中温发酵，全程自动控制、沼气燃烧发电"技术，通过牧场自动化传送管道将粪污直接导入沼气罐，做无污染封闭处理。沼气产生的电能并入国家电网，沼渣用作奶牛卧床垫料，沼液作为有机肥满足有机饲草料种植，做到绿色、科学、环保。

四、主要质量问题及防（预防）治（解决）方法

乳粉在生产、储藏及销售过程中经常会出现生虫、污染、变味等质量安全问题，以下对这些现象产生的原因进行分析，并介绍常用的解决方法。

（一）乳粉有活虫或虫尸体

从生产环节来讲，乳粉工厂必须具备防虫措施，包括工厂选址，控制厂区内温湿度，控制空气流向，安装风帘阻挡飞虫进入等。乳粉生产应采用自动化程度高，生产线密闭性强的生产线，以确保虫子难以进入。在包装设计上也可以采取拆开后易封口的包装来作为终产品的包装。

（二）乳粉结块

严格执行国家标准要求，确保乳粉水分不超过5%，乳粉包装里面填充二氧化碳或氮气等惰性气体，确保经长途运输过程中，可降低粉末聚结在一起引起的假结团现象。

乳粉包装选材应严格，尽可能选取硬度和厚度比较高的材料，以避免乳粉经长途运输或储存过程中碰撞造成凹罐，或是一些肉眼看不到的小裂缝。

（三）乳粉变色

乳粉出厂前严格检查包装，挑出漏气包装，在出厂前规避因漏气造成的变色现象。调制

乳粉变色是因为添加了食品添加剂或营养强化剂，比如β-胡萝卜素，维生素B及矿物质等，在配方的制定和原辅料选取前均做好准备和小试工作。

（四）乳粉变味

乳粉有奶香味，调制乳粉可能会有添加剂或营养强化剂的特殊气味，为避免乳粉变味，可以通过加速试验确定终产品的货架期，以在保质期内确保产品的正常气味。

五、成品质量标准及评价

《食品安全国家标准 乳粉》（GB 19644—2010）标准规定了乳粉的感官要求、理化指标、污染物限量要求等食品安全要求及其检测方法。其中规定，污染物限量应符合GB 2762的规定；真菌毒素限量应符合GB 2761的规定；食品添加剂和营养强化剂使用应符合GB 2760和GB 14880的规定。

依据上述规定，整理出乳粉和调制乳粉成品应符合的质量安全标准如表2、表3所示。

表2 乳粉质量安全指标

牛乳粉			标准法规来源	检验方法
产品指标要求		指标要求		
原料要求		1. 生乳：应符合GB 19301的规定 2. 其他原料：应符合相应的安全标准和/或有关规定		
感官要求	色泽	呈均匀一致的乳黄色	GB 19644	GB 19644
	滋味、气味	具有纯正的乳香味		
	组织状态	干燥均匀的粉末		
理化指标	蛋白质	≥非脂乳固体的34%［非脂乳固体（%）=100%-脂肪（%）-水分（%）］	GB 19644	GB 5009.5
	脂肪	≥26.0%（仅适用于全脂乳粉）		GB 5009.6
	复原乳酸度	≤18°T		GB 5009.239
	杂质度	≤16mg/kg		GB 5413.30
	水分	≤5.0%		GB 5009.3
微生物限量	菌落总数	$n=5$, $c=2$, $m=50000$, $M=200000$CFU/g（mL）［不适用于添加活性菌种（好氧和兼性厌氧益生菌）的产品］		GB 4789.2
	大肠菌群	$n=5$, $c=1$, $m=10$, $M=100$CFU/g（mL）		GB 4789.3 平板计数法
	金黄色葡萄球菌	$n=5$, $c=2$, $m=10$, $M=100$CFU/g（mL）		GB 4789.10 定性检验
	沙门氏菌	$n=5$, $c=0$, $m=0/25$g（mL），$M=$—		GB 4789.4

续表

牛乳粉			
产品指标要求	指标要求	标准法规来源	检验方法
真菌毒素限量	黄曲霉毒素 B_1 ≤0.5μg/kg（乳粉按生乳折算）	GB 2761	GB 5009.24
污染物限量	铅 ≤0.5mg/kg（以 Pb 计）	GB 2762	GB 5009.12
	亚硝酸盐 ≤2.0mg/kg（以 NaNO2 计）		GB 5009.33
	铬 ≤2.0mg/kg（以 Cr 计）		GB5009.123
	总砷 ≤0.5mg/kg（以 As 计）		GB 5009.11
	锡 ≤250mg/kg（以 Sn 计。仅适用于采用镀锡薄板容器包装的食品）		GB 5009.16
	三聚氰胺 ≤2.5mg/kg	关于三聚氰胺在食品中的限量值的公告	GB/T 22388
致病菌限量	沙门氏菌 $n=5$, $c=0$, $m=0/25g$（mL），$M=—$	GB 29921	GB 4789.4
	金黄色葡萄球菌 $n=5$, $c=2$, $m=10CFU/g$, $M=100CFU/g$		GB 4789.10

羊乳粉			
产品指标要求	指标要求	标准法规来源	检验方法
原料要求	生乳：应符合 GB 19301 的规定 其他原料：应符合相应的安全标准和/或有关规定	GB 19644	
感官要求	色泽 呈均匀一致的乳黄色		GB 19644
	滋味、气味 具有纯正的乳香味		
	组织状态 干燥均匀的粉末		
理化指标	蛋白质 ≥非脂乳固体的 34%［非脂乳固体（%）=100%-脂肪（%）-水分（%）］	GB 19644	GB 5009.5
	脂肪 ≥26.0%（仅适用于全脂乳粉）		GB 5009.6
	复原乳酸度 7~14°T		GB 5009.239
	杂质度 ≤16mg/kg		GB 5413.30
	水分 ≤5.0%		GB 5009.3
微生物限量	菌落总数 $n=5$, $c=2$, $m=50000$, $M=200000CFU/g$（mL）［不适用于添加活性菌种（好氧和兼性厌氧益生菌）的产品］		GB 4789.2
	大肠菌群 $n=5$, $c=1$, $m=10$, $M=100CFU/g$（mL）		GB 4789.3 平板计数法

续表

羊乳粉			
产品指标要求	指标要求	标准法规来源	检验方法
微生物限量	金黄色葡萄球菌	$n=5$，$c=2$，$m=10$，$M=100$CFU/g（mL）	GB 19644	GB 4789.10 定性检验
	沙门氏菌	$n=5$，$c=0$，$m=0/25$g（mL），$M=$—		GB 4789.4
真菌毒素限量	黄曲霉毒素 B_1	≤0.5μg/kg（乳粉按生乳折算）	GB 2761	GB 5009.24
污染物限量	铅	≤0.5mg/kg（以 Pb 计）	GB 2762	GB 5009.12
	亚硝酸盐	≤2.0mg/kg（以 $NaNO_2$ 计）		GB 5009.33
	铬	≤2.0mg/kg（以 Cr 计）		GB 5009.123
	总砷	≤0.5mg/kg（以 As 计）		GB 5009.11
	锡	≤250mg/kg（以 Sn 计。仅适用于采用镀锡薄板容器包装的食品）		GB 5009.16
	三聚氰胺	≤2.5mg/kg	关于三聚氰胺在食品中的限量值的公告	GB/T 22388
致病菌限量	沙门氏菌	$n=5$，$c=0$，$m=0/25$g（mL），$M=$—	GB 29921	GB 4789.4
	金黄色葡萄球菌	$n=5$，$c=2$，$m=10$CFU/g，$M=100$CFU/g		GB 4789.10

表3 调制乳粉质量安全指标

产品指标要求		指标要求	标准法规来源	检验方法
原料要求		生乳：应符合 GB 19301 的规定 其他原料：应符合相应的安全标准和/或有关规定	GB 19644	
感官要求	色泽	具有应有的色泽		GB 19644
	滋味、气味	具有应有的滋味、气味		
	组织状态	干燥均匀的粉末		
理化指标	蛋白质	≥16.5%		GB 5009.5
	水分	≤5.0%		GB 5009.3
微生物限量	菌落总数	$n=5$，$c=2$，$m=50000$，$M=200000$CFU/g（mL）[不适用于添加活性菌种（好氧和兼性厌氧益生菌）的产品]		GB 4789.2
	大肠菌群	$n=5$，$c=1$，$m=10$，$M=100$CFU/g（mL）		GB 4789.3 平板计数法
	金黄色葡萄球菌	$n=5$，$c=2$，$m=10$，$M=100$CFU/g（mL）		GB 4789.10 定性检验

续表

产品指标要求		指标要求	标准法规来源	检验方法
微生物限量	沙门氏菌	$n=5$, $c=0$, $m=0/25$ g (mL), $M=—$		GB 4789.4
真菌毒素限量	黄曲霉毒素 B_1	≤0.5μg/kg（乳粉按生乳折算）	GB 2761	GB 5009.24
污染物限量	铅	≤0.5mg/kg（以 Pb 计）	GB 2762	GB 5009.12
	亚硝酸盐	≤2.0mg/kg（以 $NaNO_2$ 计）		GB 5009.33
	铬	≤2.0mg/kg（以 Cr 计）		GB 5009.123
	总砷	≤0.5mg/kg（以 As 计）		GB 5009.11
	锡	≤250mg/kg（以 Sn 计）。仅适用于采用镀锡薄板容器包装的食品）		GB 5009.16
	三聚氰胺	≤2.5mg/kg	关于三聚氰胺在食品中的限量值的公告	GB/T 22388
致病菌限量	沙门氏菌	$n=5$, $c=0$, $m=0/25$g (mL), $M=—$	GB 29921	GB 4789.4
	金黄色葡萄球菌	$n=5$, $c=2$, $m=10$CFU/g, $M=100$CFU/g		GB 4789.10

实训工作任务单

学习项目	乳粉加工技术	工作任务	乳粉制作
时间		工作地点	
任务内容	原料乳的处理，均质，杀菌，真空浓缩，喷雾干燥，冷却及乳粉生产过程中存在的质量问题与解决方法		
工作目标	素养目标 1. 了解中国乳粉行业近几年基本情况 2. 了解新疆乳及乳粉行业发展概况 技能目标 1. 能够根据标准要求进行乳粉加工原辅料的验收 2. 能够根据成品特点对加工工艺参数进行调整 3. 能够预防和解决乳粉加工过程中的主要质量安全问题 知识目标 1. 掌握生乳的主要理化成分和加工特点 2. 掌握乳粉加工的主要原辅料及其验收要求 3. 掌握乳粉加工的主要工艺流程和关键工艺参数 4. 掌握乳粉加工中的主要质量安全问题及防（预防）治（解决）方法 5. 掌握乳粉成品的质量安全标准要求及其评价方法		
产品描述	请描述该产品的特点，感官性状，营养成分等		
实验设备	请列举本次实验使用的设备，并描述操作要点		

续表

操作要点	请根据课程学习和实验操作填写乳粉制作的工艺流程和操作要点
成果提交	实训报告，乳粉产品
相关标准/验收标准	请根据课程学习和实验操作填写乳粉相关验收标准，包括指标名称、指标要求、检测方法、来源标准法规
实验心得	本次实验有哪些收获？产品的关键控制点和容易出现的问题有哪些
提示	

工作考核单

学习项目	乳粉加工技术	工作任务	乳粉制作
班级		组别	（组长）姓名

序号	考核内容	考核标准	分数	自评 30%	组评 30%	教师评 40%
1	学习态度	积极主动，实事求是，团队协作，律己守纪				
2	组织纪律	上课考勤情况				
3	任务领会与计划	理解生产任务目标要求，能查阅相关资料，能制订生产方案				
4	任务实施	能根据生产任务单和作业指导书实施生产步骤，完成任务				
5	项目验收	依据相关技术资料对完成的工作任务进行评价				
6	工作评价与反馈	针对任务的完成情况进行合理分析，对存在问题展开讨论，提出修改意见				
		合计				

评语	

指导老师签字_____

任务三　酸奶加工

学习目标

【素养目标】
1. 了解目前中国酸奶行业的基本情况
2. 了解地方乳业现状与发展趋势

【技能目标】
1. 能够根据标准要求进行原料乳的验收
2. 能够根据产品特点对加工工艺参数、步骤进行调整
3. 能够预防和解决发酵乳加工过程中的主要质量安全问题

【知识目标】
1. 掌握原料乳的主要理化成分和食品安全指标
2. 掌握酸奶加工的主要原辅料及其验收要求
3. 掌握酸奶加工的主要工艺流程和关键工艺参数
4. 掌握酸奶加工中的主要质量安全问题及防（预防）治（解决）方法
5. 掌握酸奶成品的质量安全标准要求及其评价方法

任务资讯（任务案例）

新疆天然草原面积辽阔，是我国第二大牧区，草原面积12亿亩，饲草资源丰富，草场类型多样，牧草种类繁多，品质优良，可利用草场面积7.2亿亩，占新疆总面积的34.4%，居全国第三位，新疆的奶牛存栏数量也长期位居全国第二，仅次于内蒙古。同时，新疆还拥有国内最大的进口良种牛核心群。发展畜牧业有着得天独厚的自然条件。

新疆是我国奶源十大主产区之一和优质奶源产地之一2017年新疆畜牧业总产值达686.95亿元，同比增长5.2%。新疆是世界公认的黄金奶源带，2017年全疆牛奶产量191.9万吨，占全国牛奶总产量的6.3%，排名第7位。

然而占据各种先天优势的新疆，遍地都是好奶，但乳制品生产加工却相对滞后，乳业发展面临一系列困境。一是奶源商品化率低。用于加工的原料奶不多，每年仅约60万吨，商品化率不足40%。二是产品同质化严重。新疆乳品企业数量多，但规模小，超过90%企业设计加工能力在500吨/日以下，总体生产研发能力弱，产品结构单一。三是市场拓展能力弱。新疆乳品品牌效应低，加上外销成本高，市场竞争力不强，市场拓展艰难。2017年，新疆乳品外销量仅占总销量的15%，且以点对点方式在部分大中城市销售，市场覆盖面窄。此外，疆内生产的工业奶粉90%以上外销，对外依赖性高，更易受到进口大包奶粉冲击，产业发展不稳定。

自治区印发了《新疆奶业振兴行动方案（2019—2025 年）》，提出到2025 年，全区牛奶产量达到 270 万吨，把新疆建成全国奶业大区。新疆将大力推进标准化规模养殖，优化奶源基地建设，不断提高生鲜乳质量，提升乳制品知名度，持续推进新疆奶业转型升级，实现奶产业高质量发展。

中国乳制品行业在过去的三十年中不断发展，乳制品消费快速崛起，与全球市场的融合度也越来越高。在整个乳制品行业当中，酸奶行业可谓是最具活力的领域。无论是从风味、口感还是包装、营销方面的发展变化都充分反映出它创新、灵动的特点。对乳制品的需求以及消费升级下新品牌、新品类、新口味的大量涌现，中国的酸奶市场体量和增速冠领全球。

根据统计，我国酸奶制品销售额从 2012 年的 456 亿元增长至 2022 年的 2200 亿元，年复合增长率 9.2%。在整个乳品市场中的占比从 2014 年的 20% 跃升到 2019 年的 36%，预计到 2024 年将进一步提升至 42.2%。低温酸奶作为传统的酸奶品类，一直保持着较快增长。2010—2019 年，低温酸奶人均消费量已经从 0.59kg 上涨到了 1.58kg，速度明显提升，但与发达国家相比，我国低温酸奶人均消费水平仍然较低，还有较大的市场空间。

任务发布

十年间，我国酸奶的销售额增长了约四倍，在乳制品市场中的占比也越来越大，几乎成为最受欢迎的乳制品，尤其是低温酸奶越来越受到人们的推崇。为了适应市场需求、丰富产品种类，新疆某乳品企业欲新上酸奶生产线，以牛乳为原料生产低温酸奶。

但是从近三年来监管部门对乳制品的抽检状况来看，酸奶类产品在所有不合格产品中的占比超过了一半（54.17%），不合格原因主要为微生物指标不合格、质量指标不合格、标签问题以及添加剂问题等。这充分说明酸奶类产品本身在质量、合规方面具有较高的风险性，如何保证产品的品质是企业在整个生产环节中最应当重视的问题。

那么，为了能够生产出符合标准的酸奶，该企业在原料验收、工艺流程、卫生控制方面应当符合怎样的要求呢？在生产过程中可能面临哪些质量安全问题？如何预防和改善呢？成品的验收又应该符合什么样的标准呢？

任务分析

酸奶的标准名称为发酵乳，依据《食品安全国家标准 发酵乳》（GB 19302），发酵乳分为两种：发酵乳、风味发酵乳，分别对应着酸乳（酸奶）和风味酸乳（风味酸奶）两种具体的产品。

酸乳是指以生牛（羊）乳或乳粉为原料，经杀菌、接种嗜热链球菌和保加利亚乳杆菌（德氏乳杆菌保加利亚亚种）发酵制成的产品。

风味酸乳是指以 80% 以上生牛（羊）乳或乳粉为原料，添加其他原料，经杀菌、接种嗜热链球菌和保加利亚乳杆菌（德氏乳杆菌保加利亚亚种）发酵前或后添加或不添加食品添加剂、营养强化剂、果蔬、谷物等制成的产品。

如要进行发酵乳的生产，需根据食品生产许可的要求具备环境场所、设备设施、人员制度等方面的要求，获得相应品类的食品生产许可证，才能开展生产工作。生产加工发酵乳，首先，需要了解用于生产的原料乳的特点，根据标准要求进行采购和验收；其次，要按照发酵乳的工艺流程和参数开展生产加工，在加工过程中要利用各种技术手段预防或解决各类产品质量安全问题，确保产品质量安全；最后，要根据成品标准对成品进行检验。

任务实施

一、生产规范要求

（一）环境场所

良好的卫生环境是生产安全食品的基础，发酵乳生产企业的生产环境应符合《食品安全国家标准　食品生产通用卫生规范》（GB 14881）、《食品安全国家标准　乳制品良好生产规范》（GB 12693）等相关标准的相关要求，厂区选址应远离污染源，周围无虫害大量孳生的潜在场所，环境整洁。厂区布局合理，各功能区域划分明显，包括原辅料库、生产车间、检验室等；设计与布局合理，便于设备的安装、清洗、消毒等；道路硬化，铺设混凝土、沥青、或者其他硬质材料；厂区绿化与生产车间保持适当距离，生活区及生产区分开。有合理的排水系统，污水处理设施等应当远离生产区域和主干道，并位于主风向的下风处，排放应符合相关规定。生产区建筑物与外源公路或道路应保持一定距离或封闭隔离，并设有防护措施。厂区内禁止饲养禽、畜。车间内生产工艺布局合理，满足食品卫生操作要求，根据产品特点、生产工艺及生产过程对清洁程度的要求，合理划分作业区，避免交叉污染。

发酵乳的生产车间依照清洁度要求一般分为清洁作业区、准清洁作业区、一般作业区。其中，清洁作业区清洁度要求高的作业区域，适用于裸露待包装的半成品贮存、充填及内包装车间等；准清洁作业区清洁度要求低于清洁作业区的作业区域，适用于原料预处理车间等；一般作业区清洁度要求低于准清洁作业区的作业区域，适用于收乳间、原料仓库、包装材料仓库、外包装车间及成品仓库等。贮存需要冷藏的发酵乳成品库房应必备冷库及相应的制冷设备。

厂房和车间的布局应能防止乳制品加工过程中的交叉污染，避免接触有毒物、不洁物。车间内清洁作业区、准清洁作业区与一般作业区之间应采取适当措施，防止交叉污染。

（二）设备设施

应具有与发酵乳品种、数量相适应的生产设备，且各个设备的能力应能相互匹配。所有生产设备应按工艺流程有序排列，避免引起交叉污染。应制定生产过程中使用的特种设备（如压力容器、压力管道等）的操作规程。与原料、半成品、成品直接或间接接触的所有设备与用具，应使用安全、无毒、无臭味或异味、防吸收、耐腐蚀且可承受反复清洗和消毒的材料制造。

发酵乳生产所需设备一般包括：储奶罐；净乳设备；均质设备；发酵罐（发酵室）；制冷设备；杀菌设备；灌装设备；全自动 CIP 清洗设备；保温运输工具（常温产品除外）等。

设备鼓励采用全自动设备，避免交叉污染和人员直接接触待包装食品。所有生产设备的设计和构造应易于清洗和消毒，并容易检查。有可避免润滑油、金属碎屑、污水或其他可能引起污染的物质混入食品的构造，并应符合相应的要求。应建立设备保养和维修程序。每次生产前应检查设备是否处于正常状态，防止影响产品卫生质量的情形发生。

二、原辅材料要求

（一）生牛乳的营养成分

发酵乳的主要原料是生乳，以下列出全脂鲜牛奶的营养成分表，作为参考。根据《中国食物成分表标准版》（2018年版），全脂鲜牛奶的主要成分见表1。

表1　全脂鲜牛奶一般营养素成分表（以每100g可食部计）

食物成分名称	食物名称
	全脂鲜牛奶（代表值）[1]
水分/g	87.1
能量/kJ	280
蛋白质/g	3.4
脂肪/g	3.7
碳水化合物/g	5.1
不溶性膳食纤维/g	0.0
胆固醇/mg	21
灰分/g	0.7
维生素 A/μgRAE	73
胡萝卜素/μg	—[2]
视黄醇/μg	73
维生素 B_1/mg	0.02
维生素 B_2/mg	0.12
烟酸/mg	—
维生素 C/mg	Tr[3]
维生素 E/mg	0.11
钙/mg	113
磷/mg	103
钾/mg	127
钠/mg	120.3
镁/mg	12
铁/mg	0.3
锌/mg	0.24
硒/μg	—

续表

食物成分名称	食物名称
	全脂鲜牛奶（代表值）[1]
铜/mg	0.01
锰/mg	0.01

注：1. 代表值是指当来自不同地区的同一种食物有多个的时候，为了便于使用，《中国食物成分表标准版》（2018年版）对不同产区或不同品种的多条同个食物营养素含量计算了"x"代表值。

2. 符号"—"，表示未检测，理论上食物中应该存在一定量的该种成分，但未实际检测。

3. 符号"Tr"，表示未检出或微量，低于目前应用的检测方法的检出限或未检出。

（二）生牛乳的验收要求

依据《食品安全国家标准　发酵乳》（GB 19302），发酵乳的原料应符合相应的食品标准和有关规定。主要原料生牛乳应符合《食品安全国家标准　生乳》（GB 19301）的要求，其中污染物限量应符合 GB 2762 的规定，真菌毒素限量应符合 GB 2761 的规定，农药残留应符合 GB 2763 的规定，兽药残留量应符合国家有关规定和公告。

（三）生产用水要求

水是生产活动中必不可缺的，无论是用于生产加工，还是用于食品接触面的清洁，水源都需要满足《生活饮用水卫生标准》（GB 5749）中的要求。水源通常来自地表水、地下水和自来水，不同水源具有不同的特点。乳制品生产企业多设于城市及其周边，因此城市自来水是主要的生活用水来源。城市自来水主要是指地表水经过适当的水处理工艺，水质达到一定要求并贮存在水塔中的水，水质好且稳定，符合生活饮用水标准；水处理设备简单，容易处理，一次性投资小；但水价高，经常使用费用大；使用时要注意控制 Cl^-、Fe^{3+} 含量及碱度、微生物量。

三、加工工艺操作

依据《企业生产乳制品许可条件审查细则》（2010 版），根据产品类型的不同，发酵乳的工艺流程一般包括两种：

凝固型：原料乳验收→净乳→冷藏→标准化→均质→杀菌→冷却→接入发酵菌种→灌装→发酵→冷却→冷藏

搅拌型：原料乳验收→净乳→冷藏→标准化→均质→杀菌→冷却→接入发酵菌种→发酵→添加辅料→杀菌（需热处理的产品）→冷却→灌装→冷藏

企业可根据产品类型、生产设备、生产场所情况必要时进行适当调整。但调整产品工艺流程及设备时，应提交必要性和安全性报告。

（一）酸奶的生产加工

"老酸奶"是近年来流行的一种凝固型发酵乳产品，因其口味纯正、口感醇厚而备受大家喜爱，新疆乳制品的食用历史非常悠久，一款自然香醇的"新疆老酸奶"定会得到消费者的追捧。

1. 工艺流程

原料乳验收→净乳→冷藏→标准化→均质→脱气→杀菌→冷却→接入发酵菌种→灌装→

发酵→冷却→冷藏。

2. 关键步骤操作要点

（1）原料乳验收：除满足《食品安全国家标准 生乳》（GB 19301）的要求外，若生乳无法立刻进行加工生产，应将其在（4±2）℃条件下存放，存储时间不超过24h。

（2）净乳：采用过滤的方式去除生乳中较大的杂质，再使用离心净乳机除去乳中极为细小的机械杂质和细菌细胞，净乳过程中生乳的温度应保持在30~32℃。为达到好的进化效果，应控制离心净乳机的进料量，通常不超过额定数的90%。

（3）冷藏：若不立刻进行加工，应将净乳后的生乳冷却至2~8℃存放。

（4）标准化：当生乳中脂肪含量不足时，可添加奶油或分离一部分脱脂乳；当原料乳脂肪含量过高时，可添加脱脂乳或提取一部分奶油。按照产品标准添加或去除生乳中的其他成分，使加工出的乳产品中个成分含量的比例保持相对一致，符合产品的标准。

（5）均质：将原料乳加热到60~65℃，第一阶段均质采用较高压力（16.7~20.6MPa）将脂肪球进行破碎，第二阶段均质采用较低的压力（3.4~4.9MPa）将已破损的小脂肪球破碎，防止粘连。

（6）脱气：将牛乳预热至68℃后，开始进行真空脱气，牛乳温度立刻降到60℃，这时牛乳中空气和部分牛乳蒸发到顶部，遇到冷气后蒸发的牛乳冷凝回到底部，而空气及一些非冷凝气体（异味）由真空泵抽吸除去。

（7）杀菌：采用热处理方法进行杀菌，90~95℃持续3~5min或85℃持续30min。

（8）冷却：使原料乳的温度下降至适合接入发酵菌种的温度，热接种温度为41~44℃，冷接种温度为10~12℃。

（9）接入发酵菌种：确保器皿、空间、操作人员手部都进行了充分的消毒，采用继代菌种时，发酵好的菌种存放时间不超过72h，接种后搅拌10min左右，保证菌种均匀溶解。

（10）发酵：将接种后的料液快速分装到销售用的容器中，加盖后送至恒温发酵室培养，发酵温度40~43℃。分装后的容器空隙尽量要小，以免受振动后，晃动太大，影响凝乳状态。发酵终点确定：A、酸度达到70~90度，pH值为4.0~4.2；B流动性变差，外观凝块平滑。

（11）冷藏、后熟、出厂：冷藏温度一般在5℃以下。后熟的主要目的是促进香味物质产生，改善发酵乳的黏度与硬度。特殊风味的形成是在发酵完成后的12~24h因此后熟时间不应少于12h。出厂时酸奶的温度应低于8℃。

（二）大枣酸奶的生产

新疆不仅是全国重要的牧区，更是久负盛名的"瓜果之乡"。利用这一优势生产各种水果风味酸奶，更能够突出新疆产品的地域特色。新疆大枣味道浓郁、知名度高，是用来生产风味酸奶的不二之选。为提高设备、厂房的利用率，"大枣酸奶"同样采用凝固型发酵乳的生产方式。生产所用的大枣浓缩汁从新疆当地的水果浓缩汁生产企业采购。

1. 工艺流程

原料验收→净乳→冷藏→标准化→添加配料→均质→脱气→杀菌→冷却→接入发酵菌种→灌装→发酵→冷却→冷藏。

2. 关键步骤操作要点

生产工艺流程与普通发酵乳基本相同，其中在均质步骤之前增加了"添加配料"的工艺步骤。以下仅对与上文不同的步骤进行讲解。

（1）原料验收：大枣浓缩汁应符合《食品安全国家标准 食品工业用浓缩液（汁、浆）》（GB 17325）中的相关要求；生乳应符合《食品安全国家标准 生乳》（GB 19301）的要求，若生乳无法立刻进行加工生产，应将其在4±2℃条件下存放，存储时间不超过24h。

（2）净乳：采用过滤的方式去除生乳中较大的杂质，再使用离心净乳机除去乳中极为细小的机械杂质和细菌细胞，净乳过程中生乳的温度应保持在30~32℃。为达到好的进化效果，应控制离心净乳机的进料量，通常不超过额定数的90%。

（3）冷藏：若不立刻进行加工，应将净乳后的生乳冷却至2~8℃存放。

（4）标准化：当生乳中脂肪含量不足时，可添加奶油或分离一部分脱脂乳；当原料乳脂肪含量过高时，可添加脱脂乳或提取一部分奶油。按照产品标准添加或去除生乳中的其他成分，使加工出的乳产品中个成分含量的比例保持相对一致，符合产品的标准。

（5）添加配料：大枣浓缩汁的添加量约为10%，将其与标准化后的生乳充分搅拌混合均匀。

（6）均质：将混合好的物料加热到60~65℃，第一阶段均质采用较高压力（16.7~20.6MPa）将脂肪球进行破碎，第二阶段均质采用较低的压力（3.4~4.9MPa）将已破损的小脂肪球破碎，防止粘连。

（7）脱气：将混合物料预热至68℃后，开始进行真空脱气，物料中的空气和部分溶液蒸发到顶部，遇到冷气后蒸发的液体冷凝回到底部、而空气及一些非冷凝气体（异味）由真空泵抽吸除去。

（8）杀菌：采用热处理方法进行杀菌，90~95℃持续3~5min或85℃持续30min。

（9）冷却：使物料的温度下降至适合接入发酵菌种的温度，热接种温度为41~44℃，冷接种温度为10~12℃

（10）接入发酵菌种：接种量约为料液的3%。确保器皿、空间、操作人员手部都进行了充分的消毒，采用继代菌种时，发酵好的菌种存放时间不超过72h，接种后搅拌10min左右，保证菌种均匀溶解。

（11）发酵：将接种后的料液快速分装到销售用的容器中，加盖后送至恒温发酵室培养，发酵温度40~43℃。分装后的容器空隙尽量要小，以免受振动后，晃动太大，影响凝乳状态。发酵时间3.5~4h。

（12）冷藏、后熟、出厂：冷藏温度一般在5℃以下。后熟的主要目的是促进香味物质产生，改善发酵乳的黏度与硬度。特殊风味的形成是在发酵完成后的12~24h，因此后熟时间不应少于12小时。出厂时酸奶的温度应低于8℃。

（三）发酵乳废弃物处理

盛装废弃物、加工副产品以及不可食用物或危险物质的容器应有特别标识且要构造合理、不透水，必要时容器可封闭，以防止污染食品。应在适当地点设置废弃物临时存放设施，并依废弃物特性分类存放，易腐败的废弃物应定期清除。废弃物放置场所不应有不良气味或有害、有毒气体溢出，应防止虫害的孳生，防止污染食品、食品接触面、水源及地面。

四、主要质量问题及防（预防）治（解决）方法

酸奶在生产、储藏及销售过程中经常会出现乳清析出、发酵时间延长、酸度过高、口感

稀薄等质量与安全问题，以下对这些现象产生的原因进行分析，并介绍常用的解决方法。

（一）口感稀薄，有乳清析出

1. 原奶中有抗生素或被噬菌体污染

酸奶中球菌和杆菌对抗生素、噬菌体的耐受力不同，杆菌的耐受力高于球菌。如果出现抗生素污染，球菌受到抑制，球菌也容易遭到噬菌体的攻击。酸奶发酵过程中主要由球菌产生黏性，若出现上述情况，会导致酸奶黏度不好，易析出乳清，出现发酵时间延长的情况。因此，应严格依照标准对生乳进行验收，确保抗生素或抗菌物质在规定的范围内。生产设备、管路等进行消毒后要加强清洗，防止消毒剂的残留。

2. 温度控制不稳定

若发酵温度不稳定，超过了45℃，会导致部分球菌的死亡，导致酸奶的黏度下降口感变差。应检查温控设备与加温设施都处在良好的工作状态。

引起乳清析出的原因比较多，例如发酵时间过长、酸度过大、产酸过快；蛋白质快速收缩等。因此，在生产过程中应严格按照经过验证过的工艺流程进行操作。

（二）发酵状态不均匀

凝固型酸奶发酵状态不均匀，有的已经有乳清析出，有的还未凝固。这种情况通常是由于温差造成的。发酵室下层温度较低，而上层的温度较高，使得位于不同位置的产品发酵温度不同，造成终产品出现发酵状态不匀的情况。应当对发酵室应当采取一定的措施，使房间温度达到相对统一。当上下温差较大时，不建议将酸奶放置在顶层和底层进行发酵。

（三）酸奶酸度过高

酸奶的酸度过高，严重影响口感和味道。酸奶完成发酵进入冷库后，应在10h内将温度降至10℃以下，降温时间过长会使酸奶过度发酵，严重酸化，影响产品品质。用于降温的冷库应当配置能够满足制冷需要的设备，产品摆放应当注意保持必要的间隙，利于冷热交换，达到快速降温的目的。

（四）出现气泡、气孔

酸奶表面或者容器底部能观察到气泡或者气孔会影响消费者的购买决策，而且有可能造成食品安全问题。出现这种情况的原因可能有很多种。首先，有可能是不法供应商在原奶中加入了碳酸钠和碳酸氢钠，以掩盖牛奶出现的酸化问题，所以在供应商的选择和原料验收方面更加谨慎。其次，若搅拌的强度过于强烈或者灌装设备的密封性能出现问题都会使产品中出现大量气泡，因此应当注意工艺要点，做好生产设备的检修与维护。还有一种可能是在生产过程中混入了产气细菌，如大肠菌或酵母菌，所以工作人员要严格遵守卫生要求，同时注意环境与生产设备的消毒工作。

五、成品质量标准及评价

《食品安全国家标准 发酵乳》（GB 19302）标准规定了酸奶的感官要求、理化指标、微生物限量、乳酸菌数等指标及检测方法。其中规定，污染物限量应符合 GB 2762 的规定；真菌毒素限量应符合 GB 2761 的规定。食品添加剂和营养强化剂质量应符合相应的安全标准和有关规定。它们的使用应符合 GB 2760 和 GB 14880 的规定。

依据上述规定，整理出发酵乳和风味发酵乳应符合的质量安全标准如表2、表3所示。

表 2 发酵乳产品指标要求

发酵乳				
产品指标		指标要求	标准法规来源	检验方法
原料要求		1. 生乳：应符合 GB 19301 规定 2. 其他原料：应符合相应安全标准和/或有关规定 3. 发酵菌种：保加利亚乳杆菌（德氏乳杆菌保加利亚亚种）、嗜热链球菌或其他由国务院卫生行政部门批准使用的菌种	GB 19302	
感官要求	色泽	色泽均匀一致，呈乳白色或微黄色	GB 19302	GB 19302
	滋味、气味	具有发酵乳特有的滋味、气味		
	组织状态	组织细腻、均匀，允许有少量乳清析出；风味发酵乳具有添加成分特有的组织状态		
理化指标	脂肪	≥3.1g/100g（适用于全脂产品）		GB 5009.6
	非脂乳固体	≥8.1g/100g		GB 5413.39
	蛋白质	≥2.9g/100g		GB 5009.5
	酸度	≥70.0°T		GB 5009.239
微生物限量	大肠菌群	$n=5$, $c=2$, $m=1$, $M=5$CFU/g（mL）	GB 19644	GB 4789.3 平板计数法
	金黄色葡萄球菌	$n=5$, $c=0$, $m=0/25$g（mL），$M=$—		GB 4789.10 定性检验
	沙门氏菌	$n=5$, $c=0$, $m=0/25$g（mL），$M=$—		GB 4789.4
	酵母	≤100CFU/g（mL）		GB 4789.15
	霉菌	≤30CFU/g（mL）		
	乳酸菌数	≥1×10^6CFU/g（mL）（发酵后经热处理的产品对乳酸菌数不作要求）		GB 4789.35
真菌毒素限量	黄曲霉毒素 B_1	≤0.5μg/kg	GB 2761	GB 5009.24
污染物限量	总汞	≤0.01mg/kg（以 Hg 计）	GB 2762	GB 5009.17
	铅	≤0.05mg/kg（以 Pb 计）		GB 5009.12
	铬	≤0.3mg/kg（以 Cr 计）		GB 5009.123
	总砷	≤0.1mg/kg（以 As 计）		GB 5009.11

续表

发酵乳			
产品指标	指标要求	标准法规来源	检验方法
污染物限量	锡	≤250mg/kg（以 Sn 计。仅适用于采用镀锡薄板容器包装的食品）	GB 2762	GB 5009.16
	三聚氰胺	≤2.5mg/kg	关于三聚氰胺在食品中的限量值的公告	GB/T22388
致病菌限量	沙门氏菌	$n=5$，$c=0$，$m=0/25g$（mL），$M=—$	GB 29921	GB 4789.4
	金黄色葡萄球菌	$n=5$，$c=0$，$m=0/25g$（mL），$M=—$		GB 4789.10

表3 风味发酵乳产品指标要求

风味发酵乳			
产品指标	指标要求	标准法规来源	检验方法
原料要求	1. 生乳：应符合 GB 19301 规定 2. 其他原料：应符合相应安全标准和/或有关规定 3. 发酵菌种：保加利亚乳杆菌（德氏乳杆菌保加利亚种）、嗜热链球菌或其他由国务院卫生行政部门批准使用的菌种	GB 19302	GB 19302
感官要求	色泽	具有与添加成分相符的色泽		
	滋味、气味	具有与添加成分相符的滋味和气味		
	组织状态	组织细腻、均匀，允许有少量乳清析出；风味发酵乳具有添加成分特有的组织状态		
理化指标	脂肪	≥2.5g/100g（适用于全脂产品）		GB5413.3
	蛋白质	≥2.3g/100g		GB 5009.5
	酸度	≥70.0°T		GB 5413.34
微生物限量	大肠菌群	$n=5$，$c=2$，$m=1$，$M=5CFU/g$（mL）	GB 19644	GB 4789.3 平板计数法
	金黄色葡萄球菌	$n=5$，$c=0$，$m=0/25g$（mL），$M=—$		GB 4789.10 定性检验
	沙门氏菌	$n=5$，$c=0$，$m=0/25g$（mL），$M=—$		GB 4789.4

续表

风味发酵乳				
产品指标		指标要求	标准法规来源	检验方法
微生物限量	酵母	≤100CFU/g（mL）	GB 19644	GB 4789.15
	霉菌	≤30CFU/g（mL）		
	乳酸菌数	≥1×10^{6}CFU/g（mL）（发酵后经热处理的产品对乳酸菌数不作要求）		GB 4789.35
真菌毒素限量	黄曲霉毒素 B$_1$	≤0.5μg/kg	GB 2761	GB 5009.24
污染物限量	总汞	≤0.01mg/kg（以 Hg 计）	GB 2762	GB 5009.17
	铅	≤0.05mg/kg（以 Pb 计）		GB 5009.12
	铬	≤0.3mg/kg（以 Cr 计）		GB 5009.123
	总砷	≤0.1mg/kg（以 As 计）		GB 5009.11
	锡	≤250mg/kg（以 Sn 计。仅适用于采用镀锡薄板容器包装的食品）		GB 5009.16
	三聚氰胺	≤2.5mg/kg	关于三聚氰胺在食品中的限量值的公告	GB/T 22388
致病菌限量	沙门氏菌	$n=5$, $c=0$, $m=0/25$g（mL）, $M=$—	GB 29921	GB 4789.4
	金黄色葡萄球菌	$n=5$, $c=0$, $m=0/25$g（mL）, $M=$—		GB 4789.10

作为上市销售的产品不仅应食品本身要达到相应的质量、安全标准，产品的包装、标签标识也必须要符合相关标准的要求。

酸奶的产品标签标识除应符合《食品安全国家标准　预包装食品标签通则》（GB 7718）、《食品安全国家标准　预包装食品营养标签通则》（GB 28050）的要求外，《食品安全国家标准　发酵乳》（GB 19302）也对酸奶的标签标识作了特别的规定：

发酵后经热处理的产品应标识"××热处理发酵乳""××热处理风味发酵乳""××热处理酸乳/奶"或"××热处理风味酸乳/奶"；全部用乳粉生产的产品应在产品名称紧邻部位标明"复原乳"或"复原奶"；在生牛（羊）乳中添加部分乳粉生产的产品应在产品名称紧邻部位标明"含××%复原乳"或"含××%复原奶"。（"××%"是指所添加乳粉占产品中全乳固体的质量分数）；"复原乳"或"复原奶"与产品名称应标识在包装容器的同一主要展示版面；标识的"复原乳"或"复原奶"字样应醒目，其字号不小于产品名称的字号，字体高度不小于主要展示版面高度的五分之一。

实训工作任务单

学习项目	酸奶加工技术	工作任务	发酵乳制作
时间		工作地点	
任务内容	生乳的处理，生乳的标准化，原料乳的均质与脱气，发酵菌种的准备，接种，酸奶的发酵，酸奶的冷却、后熟与冷藏，酸奶生产过程中存在的质量问题与解决方法		
工作目标	素养目标 1. 了解目前中国酸奶行业的基本情况 2. 了解地方乳业现状与发展趋势 技能目标 1. 能够根据标准要求进行原料乳的验收 2. 能够根据产品特点对加工工艺参数、步骤进行调整 3. 能够预防和解决发酵乳加工过程中的主要质量安全问题 知识目标 1. 掌握原料乳的主要理化成分和食品安全指标 2. 掌握酸奶加工的主要原辅料及其验收要求 3. 掌握酸奶加工的主要工艺流程和关键工艺参数 4. 掌握酸奶加工中的主要质量安全问题及防（预防）治（解决）方法 5. 掌握酸奶成品的质量安全标准要求及其评价方法		
产品描述	请描述该产品的特点，感官性状，营养成分等		
实验设备	请列举本次实验使用的设备，并描述操作要点		
操作要点	请根据课程学习和实验操作填写发酵乳制作的工艺流程和操作要点		
成果提交	实训报告，凝固型发酵乳产品		
相关标准/ 验收标准	请根据课程学习和实验操作填写发酵乳的相关验收标准，包括指标名称、指标要求、检测方法、来源标准法规		
实验心得	本次实验有哪些收获？产品的关键控制点和容易出现的问题有哪些		
提示			

工作考核单

学习项目	酸奶加工技术		工作任务	评价发酵乳制作	
班级		组别		（组长）姓名	

序号	考核内容	考核标准	分数	权重		
				自评	组评	教师评
				30%	30%	40%
1	学习态度	积极主动，实事求是，团队协作，律己守纪				
2	组织纪律	上课考勤情况				

续表

序号	考核内容	考核标准	分数	权重 自评 30%	组评 30%	教师评 40%
3	任务领会与计划	理解生产任务目标要求，能查阅相关资料，能制订生产方案				
4	任务实施	能根据生产任务单和作业指导书实施生产步骤，完成任务				
5	项目验收	依据相关技术资料对完成的工作任务进行评价				
6	工作评价与反馈	针对任务的完成情况进行合理分析，对存在问题展开讨论，提出修改意见				
	合计					
评语						

指导老师签字_____

任务四　奶酪加工

学习目标

【素养目标】

1. 了解中国奶酪加工行业近几年基本情况
2. 了解地方传统奶酪制品的基本情况

【技能目标】

1. 能够根据标准要求进行奶酪加工原辅料的验收
2. 能够根据原辅料特点和成分对加工工艺参数进行调整
3. 能够预防和解决奶酪加工过程中的主要质量安全问题

【知识目标】

1. 掌握常见奶酪的主要理化成分和加工特点
2. 掌握奶酪加工的主要原辅料及其验收要求

3. 掌握奶酪加工过程的主要工艺流程和关键工艺参数
4. 掌握奶酪加工中的主要质量安全问题及防（预防）治（解决）方法
5. 掌握奶酪成品的质量安全标准要求及其评价方法

任务资讯（任务案例）

奶酪在中国有着悠久的历史，是蒙古族、哈萨克族、维吾尔族等游牧民族的传统食品。当前，随着居民收入水平逐步提升及食品种类的不断丰富，居民的食品消费结构正在发生改变，奶酪已不再局限于少数人食用，而是被越来越多的大众所喜爱。

根据行业研究数据和海关总署的公开数据，在2011—2020年的10年间，我国奶酪的生产数量和进口数量均呈现逐年增长的趋势，其中生产数量由2011年的1.77万吨增长至2020年的16.98万吨，共增长了8.6倍，进口数量由2011年的2.86万吨增长到2020年的12.93万吨，增长了3.5倍。

但现阶段国内奶酪产量仍不足以支撑日益增长的市场需求，奶酪进口依赖程度一直较高。以2017年为例，我国奶酪产量为8.32万吨，几乎无对外出口，进口量为10.8万吨，进口量占消费量比例为56.5%。

2018年国务院办公厅印发的《关于推进奶业振兴保障乳品质量安全的意见》中，明确提出要"统筹发展液态乳制品和干乳制品，支持发展奶酪、乳清粉、黄油等干乳制品"。在乳制品消费提速和国家政策的推动下，国内企业纷纷对奶酪行业投入关注，积极开展奶酪业务。随着国内奶酪产量的不断升高，奶酪进口依赖程度也稍有缓解。

新疆少数民族有制作奶酪制品的传统，拥有自创的工艺和丰富的经验。奶疙瘩作为奶酪的一种类型，是哈萨克族、柯尔克孜、蒙古族等少数民族喜欢食用的一种乳品。通常奶疙瘩有两种，一种是酸奶疙瘩，即酸凝奶酪；另一种是甜奶疙瘩，即酶凝奶酪。新疆传统奶酪主要以酸凝奶酪为主，同时生产模式基本停留在家庭小作坊形式，生产出来的酸凝奶酪较硬，口味普遍较酸，适口性较差，形状大小不一，从而缺少食品应有的观赏性及商品性，因此，消费人群相对固定狭小。而酶凝奶酪由于使用凝乳酶进行凝乳，出品率高，质地与风味更适宜，贮藏期间性质更稳定，在其成熟期间，残留的蛋白酶可将蛋白质降解成肽，肽能被微生物产生的蛋白酶和肽酶继续降解生成分子量更小的肽、氨基酸，这些化合物形成了酶凝干酪的特殊风味，并易于被人体吸收。酸凝奶酪由于低pH值而使奶液凝固，得到的奶酪为硬质干酪或特硬质干酪，而酶凝奶酪可制作软质、半软质等干酪，可以用于"比萨"等食物的加工生产。

近十年来我国的奶酪产量和进口数量分别增长了8.6倍和3.5倍，但是我国的年人均消费量仍远低于其他国家，在消费环境和国家政策的推动下，我国的奶酪产业具有乐观的发展前景和巨大的发展潜力。

任务发布

近年来，我国奶酪市场快速增长，奶酪正在成为乳制品行业新增长点，奶酪市场处于成长期，奶酪产品会越来越受我国消费者的认可。虽然我国奶酪市场目前需求在增长，但国内属于供小于求的现象，随着我国奶酪产能的大幅度提升，产能不足情况将会得到缓解。

根据以上情况，新疆某企业欲新上奶酪加工生产线，生产干酪（干酪也可称为"奶酪"）和再制干酪，请问该企业生产奶酪的原辅料验收要求是什么？主要工艺流程有哪些？生产过程卫生控制要符合哪些要求？该企业生产过程中可能面临哪些质量安全问题？如何预防和改善？该企业成品的验收标准有哪些？

任务分析

依据《食品安全国家标准 干酪》（GB 5420）的规定，奶酪是指成熟或未成熟的软质、半硬质、硬质或特硬质、可有包衣的乳制品，其中乳清蛋白/酪蛋白的比例不超过牛（或其他奶畜）乳中的相应比例（乳清干酪除外）。

根据《食品安全国家标准 再制干酪和干酪制品》（GB 25192）的规定，再制干酪是以干酪（比例大于50%）为主要原料，添加其他原料，添加或不添加食品添加剂和营养强化剂，经加热、搅拌、乳化（干燥）等工艺制成的产品。

要进行干酪和再制干酪的加工，需要根据食品生产许可的要求具备环境场所、设备设施、人员制度等方面的要求，获得相应品类的食品生产许可证，才能开展生产工作。乳制品企业的申证单元为液态乳、乳粉以及其他乳制品三类。在奶酪的加工方面，首先需要了解生产所用原辅料的基本要求，根据标准要求对原料进行验收采购；其次，要按照奶酪加工的基本工艺流程和参数开展生产加工，在加工过程中要利用各种技术手段预防或解决各类产品质量安全问题，确保产品质量安全；最后，要根据成品标准对成品进行检验。

任务实施

一、生产规范要求

（一）环境场所

良好的卫生环境是保障食品安全生产的基础，食品生产企业的生产环境应符合《食品安全国家标准 食品生产通用卫生规范》（GB 14881）等相关标准的相关要求，厂区选址方面，应注意远离污染源，不宜选择周围有虫害大量孳生的潜在场所，采取适当的措施将环境潜在污染降至最低水平。厂区布局合理，各功能区域划分明显，包括原辅料库、生产车间、检验室等；设计与布局合理，便于设备的安装、清洗、消毒等；道路硬化，铺设混凝土、沥青、或者其他硬质材料；厂区绿化与生产车间保持适当距离，生活区及生产区分开。有合理的排水系统，污水处理设施等应当远离生产区域和主干道，并位于主风向的下风处，排放应符合相关规定。生产区建筑物与外源公路或道路应保持一定距离或封闭隔离，并设有防护措施。厂区内禁止饲养禽、畜。车间内生产工艺布局合理，满足食品卫生操作要求，根据产品特点、生产工艺及生产过程对清洁程度的要求，合理划分作业区，避免交叉污染。

奶酪加工企业的厂房选址和设计、内部建筑结构、辅助生产设施除了需要满足《食品安全国家标准　食品生产通用卫生规范》（GB 14881）等相关标准的相关要求外，应当符合国家标准《食品安全国家标准　乳制品良好生产规范》（GB 12693）的相关规定。有与企业生产能力相适应的生产车间和辅助设施。生产车间一般包括收乳车间、原料预处理车间、加工车间、灌装车间、半成品贮存及成品包装车间等。生产车间和辅助设施的设置应按生产流程需要及卫生要求，有序而合理布局。应根据生产流程、生产操作需要和生产操作区域清洁度的要求进行隔离，防止相互污染。车间内应区分清洁作业区、准清洁作业区和一般作业区。生产车间地面应平整，易于清洗、消毒。更衣室应设在车间入口处，并与洗手消毒室相邻。洗手消毒室内应配置足够数量的非手动式洗手设施、消毒设施和感应式干手设施。清洁作业区是指清洁度要求高的作业区域，如裸露待包装的半成品贮存、充填及内包装车间等。清洁作业区的入口应设置二次更衣室，进入清洁作业区前设置消毒设施。准清洁作业区是指清洁度要求低于清洁作业区的作业区域，如原料预处理车间等。一般作业区是指清洁度要求低于准清洁作业区的作业区域，如收乳间、原料仓库、包装材料仓库、外包装车间及成品仓库等。生产区域内的卫生间应有洗手、消毒设施，卫生间外门不得与清洁作业区、准清洁作业区的门窗相对。车间内清洁作业区、准清洁作业区与一般作业区之间应采取适当措施，防止交叉污染。清洁作业区、准清洁作业区及其他食品暴露场所（收乳间除外）屋顶若为易于藏污纳垢的结构，宜加设平滑易清扫的天花板；若为钢筋混凝土结构，其室内屋顶应平坦无缝隙。清洁作业区与准清洁作业区的墙角及柱角应结构合理，易于清洗和消毒。清洁作业区、准清洁作业区的对外出入口应装设能自动关闭（如安装自动感应器或闭门器等）的门和（或）空气幕。清洁作业区应安装空气调节设施，以防止蒸汽凝结并保持室内空气新鲜；一般作业区应安装通风设施，及时排除潮湿和污浊的空气。厂房内进行空气调节、进排气或使用风扇时，其空气应由清洁度要求高的区域流向清洁度要求低的区域，防止食品、生产设备及内包装材料遭受污染。不应穿清洁作业区、准清洁作业区的工作服、工作鞋（靴）进入厕所，离开生产加工场所或跨区域作业。按 GB/T 18204.1 中的自然沉降法测定，清洁作业区空气中的菌落总数应控制在 30CFU/皿以下。

（二）设备设施

乳制品生产企业应具备与《食品生产许可证申请书》中设计能力相适应的生产设备，并按照工艺流程在对应的使用场所有序排列。所有接触乳制品的原料、过程产品、半成品的容器和工器具必须为不锈钢或其他无毒害的惰性材料制作，清洁作业区内不得使用竹、木质工具。与原料、半成品、成品直接接触的设备与用具，表面应光滑，无毒、无味，易于清洗消毒，易于检查和维护。直接接触生产原材料的易损设备，如玻璃温度计，必须有安全护套。盛装废弃物的容器不得与盛装产品与原料的容器混用，应有明显标志。生产设备应定期维护和保养，定期检修。吹入干燥塔空气的供风设施必须达到要求，排出的气体应经过除尘处理。设备台账、说明书、履历、档案应保管齐全。设备维护保养完好，其性能与精度符合生产规程要求。设备的安装、维修保养、检修等的操作不应影响产品质量和食品安全。温度计、压力表等用于检测、控制、记录的设备应定期校准、维护，确保各设备能满足工艺要求。设备维修计划、维修记录齐全。

生产干酪的设备：储奶罐；净乳设备；制冷设备；杀菌设备；搅拌设备；凝乳设备；压榨设备；全自动 CIP 清洗设备。

生产再制干酪不需要储奶罐；净乳设备；凝乳设备；压榨设备。应必备包装（灌装）设备。

二、原辅材料要求

（一）生乳的营养成分

奶酪的主要原料是生乳，列出全脂鲜牛奶的营养成分表，作为参考。根据《中国食物成分表标准版》（2018年版），全脂鲜牛奶的主要成分见表1。

表1 全脂鲜牛奶一般营养素成分表（以每100g可食部计）

食物成分名称	食物名称
	全脂鲜牛奶（代表值）[1]
水分/g	87.1
能量/kJ	280
蛋白质/g	3.4
脂肪/g	3.7
碳水化合物/g	5.1
不溶性膳食纤维/g	0.0
胆固醇/mg	21
灰分/g	0.7
维生素A/μgRAE	73
胡萝卜素/μg	—[2]
视黄醇/μg	73
维生素B_1/mg	0.02
维生素B_2/mg	0.12
烟酸/mg	—
维生素C/mg	Tr[3]
维生素E/mg	0.11
钙/mg	113
磷/mg	103
钾/mg	127
钠/mg	120.3
镁/mg	12
铁/mg	0.3
锌/mg	0.24
硒/μg	—
铜/mg	0.01
锰/mg	0.01

注：1. 代表值是指当来自不同地区的同一种食物有多个的时候，为了便于使用，《中国食物成分表标准版》（2018年版）对不同产区或不同品种的多条同个食物营养素含量计算了"x"代表值。

2. 符号"—"，表示未检测，理论上食物中应该存在一定量的该种成分，但未实际检测。

3. 符号"Tr"，表示未检出或微量，低于目前应用的检测方法的检出限或未检出。

（二）干酪和再制干酪原料验收要求

依据《食品安全国家标准 干酪》（GB 5420），干酪的原料应符合相应的食品标准和有关规定。干酪的原料生乳应符合 GB 19301 的规定，包衣应符合相应的标准和有关规定，其他原料应符合相应的食品标准和有关规定。农药残留应符合 GB 2763 的规定，兽药残留量应符合 GB 31650 的规定。

依据《食品安全国家标准 再制干酪和干酪制品》（GB 25192），再制干酪的原料应符合相应的食品标准和有关规定。再制干酪的原料干酪应符合 GB 5420 的规定。其他原料要求应符合相应的食品标准和有关规定。食品添加剂的使用应符合 GB 2760 中再制干酪的规定。食品营养强化剂的使用应符合 GB 14880 中再制干酪的规定。

（三）加工用水要求

水是生产活动中必不可缺的，无论是用于生产加工，还是用于食品接触面的清洁，水源都需要满足《生活饮用水卫生标准》（GB 5749）中的要求。水源通常来自地表水、地下水和自来水，不同水源具有不同的特点。食品生产企业多设于城市及其周边，因此城市自来水是主要的用水来源。城市自来水主要是指地表水经过适当的水处理工艺，水质达到一定要求并贮存在水塔中的水，水质好且稳定，符合生活饮用水标准。生产干酪所用的水必须是高质量的软水且无菌，所以水的软化和脱氯处理是非常必要的。

三、加工工艺操作

企业可根据产品类型、生产设备、生产场所情况必要时对加工工艺进行适当调整。企业调整产品工艺流程及设备时，应提交必要性和安全性报告。应注意核查国家禁止使用或明令淘汰的生产工艺和设备。

（一）干酪的加工

1. 工艺流程

原料乳→标准化→杀菌→冷却→添加发酵剂→调整酸度→加氯化钙→加色素→加凝乳酶→凝块切割→搅拌→加温→排出乳清→成型压榨→盐渍→成熟→上色挂蜡→成品。

2. 操作要点

（1）原料乳的要求：生产干酪的原料，必须是健康奶畜分泌的新鲜优质乳。原料经过感官检查合格后，测定酸度（牛奶 18°T）。对原料杀菌前，通过离心机处理，除去牛乳的白细胞和其他杂质。然后进行过滤和净化，并按照产品需要进行标准化。

（2）杀菌：生产中采用 63~65℃，30min，或 75℃，15s 的方式杀菌。杀菌时添加硝酸盐，添加量为 0.02~0.05g/kg 牛乳，过量会影响正常发酵。原料乳经杀菌后，直接打入奶酪槽中。奶酪槽为水平卧式长椭圆形不锈钢槽，具有保温、加热或冷却夹层及搅拌器（手工操作时为奶酪铲和奶酪耙）。将奶酪槽中的牛乳冷却到 30~32℃，然后加入发酵剂。

（3）添加发酵剂：将杀菌乳冷却到 30℃ 左右，倒入干酪槽中，添加 1%~2% 的工业发酵剂，在加入之前，发酵剂应充分搅拌，必须没有小凝结块。经过 1h 的发酵后，其酸度达 20°~24°T 即可。

（4）加氯化钙：当原料乳质量不够理想时，往往会出现凝块松散，切割后产生大量细粒，致使部分蛋白质流失，脂肪损失也很大。在凝块加工过程中，凝块颗粒中剩留的乳清也较多，发酵后可能使干酪变酸。为了改进干酪质量，可以在每100千克原料奶中加5~20mg的氯化钙，但不得过多，过量的氯化钙会形成太硬的凝块，难于切割。

（5）加色素：常用的色素为胭脂树橙。先将色素用6倍灭菌水稀释，随即加入杀菌后的原料中，充分搅拌，混合均匀。

（6）加凝乳酶：牛乳的凝结是干酪制造工艺中最重要的环节。一般使用皱胃酶或胃酶或胃蛋白酶来凝结，而以前者制作的干酪品质优良。凝乳酶的添加量在使用前应测定其效价后再决定，一般1份皱胃酶在30~35℃温度下，可凝结10000~15000份的牛奶。凝结过程取决于温度、酸度、效价和钙离子浓度。生产过程中，在确定添加量后，保持35℃以下，经30~40min后，凝结成半固体状态，凝结稍软，表面平滑无气孔。

（7）凝块切割、搅拌和加温：当凝块达到一定硬度后（约经30min），用专门的干酪刀或不锈钢丝纵横切割成小块，然后进行轻微的搅拌，使凝块颗粒悬浮在乳清中，使乳清分离。加热可使凝块颗粒稍微收缩，有利于乳清从凝块中排出。开始加热时要缓和，再逐渐提高温度，一般每分钟提高1~2℃，直到槽内温度至32~36℃为止。在加热时应不断搅拌，以防凝块颗粒沉淀。经加热后的凝块体积缩小为原来的一半。加热温度提高和切割较细时，可加速乳清的排出而使干酪制品含水量降低。加温过快，会使凝块表面结成硬膜，使颗粒内外硬度不一致而影响乳清排出，从而降低干酪品质。

（8）乳清排出：当干酪粒已收缩至适当硬度时，即可排出乳清，此时乳清酸度达到0.12%左右，排出时防止凝块损失。当酸度未达到而过早排出乳清，会影响干酪的成熟；而酸度过高则产品过硬，带有酸味。

（9）成型压榨：压榨成型时的温度为10~15℃，时间为6~10h。

（10）盐渍：将成型的干酪浸泡在浓度22%的食盐水中，经过3~4d，盐水温度为8~10℃，最终使干酪中食盐含量达到1%~2%。

（11）成熟：干酪发酵成熟的贮存温度为10~15℃，相对湿度达到65%~80%，软质干酪达90%。一般成熟时间为1~4个月，硬质干酪要求6~8个月。

（二）再制干酪的加工

1. 工艺流程

原料选择→原料处理→原料倒入融化锅→混合和搅拌→启动转子泵→加入水和乳化剂→加热融化和杀菌→抽真空→灌装→冷却→储藏。

2. 操作要点

（1）原料处理：去除原料发霉、不洁、干燥发硬的部分，将原料切割成适度大小，之后用磨碎机处理。

（2）原料倒入融化锅：原料倒入融化锅后，加入适量的纯净水，开启高剪按钮，并将开度调整至50%~60%，然后开启搅拌按钮，将开度调整至50%~60%，为了防止物料飞溅，可将顶盖盖住，时间保持3~4min。

（3）启动转子泵：启动转子泵按钮，将开度调整至10%~30%，从而进行内部的循环，时间维持在3~4min。

（4）加入水和乳化剂：将干酪和黄油混合均匀，然后加入色素胭脂树橙，脱脂奶粉等辅料，然后加入1%~3%的乳化剂，最后加入适量的水，添加量为原生干酪质量的5%~10%，使成品的含水量达到40%~55%，盖好顶盖，持续高剪，搅拌，循环3~5min。

(5) 加热融化和杀菌：把混合好的物料经过螺旋输送器输送到管道式、常压直接注入蒸汽式杀菌器中。物料在管道中由上向下的过程中，通过20组蒸汽注入式喷头喷入处理过的洁净蒸汽，使物料温度由20℃升至145℃，加热温度由温度探头监测，通过机器自动调节蒸汽注入量，进而保证物料的杀菌温度恒定。物料在管道中运行时间大约是10s，然后将物料通过管夹层冷却至80℃。根据机器设置的参数，将物料进行瞬间真空闪蒸，把杀菌时的蒸汽水分脱去。

(6) 抽真空：启动融化锅的真空泵按钮，将设备的真空度调整到10kPa，持续时间为1~2min。

(7) 灌装：物料抽完真空后，启动转子泵按钮，开度调整到80%，将物料输送到包装机内进行包装。物料的温度应当保持在70℃以上。

(8) 冷却储藏：再制干酪产品包装后应快速低温冷却，片状干酪产品包装后放入冷冻库应迅速降温至10℃以下；块状干酪产品包装后放入冷冻库应迅速降温至10℃以下；涂抹干酪产品包装后应迅速冷却，在冷冻库内30min降至8~12℃。将冷却后的再制干酪放入库房中，成品库要保持适当的温度。

四、主要质量问题及防（预防）治（解决）方法

奶酪在加工、储存、运输过程中可能存在物理性、化学性，以及微生物性等质量安全问题。以下对这些现象产生的原因进行分析，并介绍常用的解决方法。

(一) 微生物污染

生乳中致病菌、芽孢菌等大量微生物的存在，会导致干酪发酵效果不佳。运输和加工操作过程都易使生乳被污染微生物。生产时通常采用巴氏杀菌的工艺对原料乳进行灭菌处理，杀菌过程中要确保杀菌罐工作参数或程序设定正常，确保足够的温度和时间，定期检测有关指标，保证灭菌彻底。

(二) 鼓胀异常

干酪在大肠菌、丁酸梭状芽孢杆菌等产气菌的影响下会发生鼓胀等异常现象。通常加入硝酸钾作为防腐剂，来抑制产气菌的繁殖。一般将硝酸钾配成溶液煮沸后再加入牛乳中。除硝酸钾外，还可以选用8%的丙酸、0.05%的山梨酸、0.01%的脱氢乙酸作为防腐剂。

(三) 干酪中的物理性缺陷

(1) 质地干燥：凝乳在较高温度下处理会引起干酪中水分排出过多而导致制品干燥。凝乳切割过小，搅拌时温度过高，酸度过高，处理时间较长及原料乳中的含脂率低也能引起制品干燥。防治方法除改进加工工艺外，也可采用石蜡或塑料包装机温度较高条件下成熟等方法。

(2) 组织疏松：凝乳中存在裂缝，当酸度不足时乳清残留于其中，压榨时间短或最初成熟时温度过高均能引起此缺陷。可采用加压或低温成熟方法加以防止。

(3) 脂肪渗出：由于脂肪过量存在于乳块表面（或其中）而产生。其原因大多是由于操作温度过高，凝乳处理不当或堆积过高所致。可通过调节生产工艺来调节。

(四) 桃红或赤变

当使用色素时，色素与干酪中的硝酸盐结合形成其他有色化合物，应认真选用色素及其添加量。

（五）酸度过高

酸度过高由发酵剂中微生物引起。防治方法：降低发酵温度并加入适量食盐抑制发酵，增加凝乳酶的量；在干酪加工中将凝乳酶切成更小的颗粒，或高温处理，或迅速排除乳清。

五、成品质量标准及评价

《食品安全国家标准 干酪》（GB 5420）标准规定了干酪的感官要求、污染物限量要求和真菌毒素限量要求等食品安全要求及其检测方法（表2）。其中，污染物限量应符合 GB 2762 的规定；真菌毒素限量应符合 GB 2761 的规定；致病菌限量应符合 GB 29921 的规定。

《食品安全国家标准 再制干酪和干酪制品》（GB 25192）标准规定了再制干酪的感官要求、污染物限量要求等食品安全要求及其检测方法（表3）。其中，污染物限量应符合 GB 2762 中再制干酪的规定；真菌毒素限量应符合 GB 2761 中再制干酪的规定。

表2 干酪质量安全指标

产品指标		指标要求	标准法规来源	检验方法
原料要求		生乳：应符合 GB 19301 的规定 包衣：应符合相应的标准和有关规定 其他原料：应符合相应的食品标准和有关规定	GB 5420	
感官要求	色泽	具有该类产品正常的色泽	GB 5420	GB 5420
	滋味、气味	具有该类产品特有的滋味和气味		
	状态	具有该类产品应有的组织状态		
微生物限量	大肠菌群	$n=5$，$c=2$，$m=10^2$，$M=10^3$ CFU/g		GB 4789.3
真菌毒素限量	黄曲霉毒素 B_1	$\leq 0.5\mu g/kg$	GB 2761	GB 5009.24
污染物限量	铅	$\leq 0.3mg/kg$（以 Pb 计）	GB 2762	GB 5009.12
	锡	$\leq 250mg/kg$（以 Sn 计。仅适用于采用镀锡薄板容器包装的食品）		GB 5009.16
	三聚氰胺	$\leq 2.5mg/kg$	关于三聚氰胺在食品中的限量值的公告	GB/T 22388
致病菌限量	沙门氏菌	$n=5$，$c=0$，$m=0/25g$（mL），$M=-$	GB 29921	GB 4789.4
	金黄色葡萄球菌	$n=5$，$c=2$，$m=100$CFU/g，$M=1000$CFU/g		GB 4789.10
	单核细胞增生李斯特氏菌	$n=5$，$c=0$，$m=0/25g$（mL），$M=-$		GB 4789.30

表3 再制干酪质量安全指标

产品指标	指标要求	标准法规来源	检验方法
原料要求	干酪：应符合 GB 5420 的规定 其他原料：应符合相应的安全标准和/或有关规定	GB 25192	

续表

产品指标		指标要求					标准法规来源	检验方法
感官要求	色泽	色泽均匀					GB 25192	
	滋味、气味	易溶于口,有奶油润滑感,并有产品特有的滋味、气味						
	组织状态	外表光滑;结构细腻、均匀、润滑,应有与产品口味相关原料的可见颗粒。无正常视力可见的外来杂质						
理化指标	脂肪(干物中)	$60.0 \leq X_1 \leq 75.0\%$ [干物质中脂肪含量(%): X_1=[再制干酪脂肪质量/(再制干酪总质量-再制干酪水分质量)]×100%]	$45.0 \leq X_1 < 60.0\%$ [干物质中脂肪含量(%): X_1=[再制干酪脂肪质量/(再制干酪总质量-再制干酪水分质量)]×100%]	$25.0 \leq X_1 < 45.0\%$ [干物质中脂肪含量(%): X_1=[再制干酪脂肪质量/(再制干酪总质量-再制干酪水分质量)]×100%]	$10.0 \leq X_1 < 25.0\%$ [干物质中脂肪含量(%): X_1=[再制干酪脂肪质量/(再制干酪总质量-再制干酪水分质量)]×100%]	$X_1 < 10.0\%$ [干物质中脂肪含量(%): X_1=[再制干酪脂肪质量/(再制干酪总质量-再制干酪水分质量)]×100%]	GB 25192	GB 5009.6
	最小干物质含量	44%[干物质含量(%): X_2=[(再制干酪总质量-再制干酪水分质量)/再制干酪总质量]×100%]	41%[干物质含量(%): X_2=[(再制干酪总质量-再制干酪水分质量)/再制干酪总质量]×100%]	31%[干物质含量(%): X_2=[(再制干酪总质量-再制干酪水分质量)/再制干酪总质量]×100%]	29%[干物质含量(%): X_2=[(再制干酪总质量-再制干酪水分质量)/再制干酪总质量]×100%]	25%[干物质含量(%): X_2=[(再制干酪总质量-再制干酪水分质量)/再制干酪总质量]×100%]		GB 5009.3
微生物限量	菌落总数	$n=5, c=2, m=100, M=1000 CFU/g$						GB 4789.2
	大肠菌群	$n=5, c=2, m=100, M=1000 CFU/g$						GB 4789.3 平板计数法
	酵母	≤50CFU/g						GB 4789.15
	霉菌	≤50CFU/g						

续表

产品指标		指标要求	标准法规来源	检验方法
真菌毒素限量	黄曲霉毒素 B_1	≤0.5μg/kg	GB 2761	GB 5009.24
污染物限量	铅	≤0.3mg/kg（以 Pb 计）	GB 2762	GB 5009.12
	锡	≤250mg/kg（以 Sn 计。仅适用于采用镀锡薄板容器包装的食品）		GB 5009.16
	三聚氰胺	≤2.5mg/kg	关于三聚氰胺在食品中的限量值的公告	GB/T 22388
致病菌限量	沙门氏菌	$n=5$，$c=0$，$m=0/25g$（mL），$M=$—	GB 29921	GB 4789.4
	金黄色葡萄球菌	$n=5$，$c=0$，$m=0/25g$（mL），$M=$—		GB 4789.10
	单核细胞增生李斯特氏菌	$n=5$，$c=0$，$m=0/25g$（mL），$M=$—		GB 4789.30

实训工作任务单

学习项目	奶酪加工技术	工作任务	奶酪制作
时间		工作地点	
任务内容	奶酪原料的处理，杀菌及灭菌，发酵，包装，奶酪生产过程中存在的质量问题与解决方法		
工作目标	素养目标： 1. 了解中国奶酪加工行业近几年基本情况 2. 了解地方传统奶酪制品的基本情况 技能目标： 1. 能够根据标准要求进行奶酪加工原辅料的验收 2. 能够根据原辅料特点和成分对加工工艺参数进行调整 3. 能够预防和解决奶酪加工过程中的主要质量安全问题 知识目标： 1. 掌握常见奶酪的主要理化成分和加工特点 2. 掌握奶酪加工的主要原辅料及其验收要求 3. 掌握奶酪加工过程的主要工艺流程和关键工艺参数 4. 掌握奶酪加工中的主要质量安全问题及防（预防）治（解决）方法 5. 掌握奶酪成品的质量安全标准要求及其评价方法		
产品描述	请描述该产品的特点，感官性状，营养成分等		

续表

实验设备	请列举本次实验使用的设备，并描述操作要点
操作要点	请根据课程学习和实验操作填写奶酪制作的工艺流程和操作要点
成果提交	实训报告，奶酪产品
相关标准/验收标准	请根据课程学习和实验操作填写奶酪的相关验收标准，包括指标名称、指标要求、检测方法、来源标准法规
实验心得	本次实验有哪些收获？产品的关键控制点和容易出现的问题有哪些
提示	

工作考核单

学习项目	奶酪加工技术	工作任务		奶酪制作	
班级		组别		（组长）姓名	
序号	考核内容	考核标准	分数	权重		
				自评 30%	组评 30%	教师评 40%
1	学习态度	积极主动，实事求是，团队协作，律己守纪				
2	组织纪律	上课考勤情况				
3	任务领会与计划	理解生产任务目标要求，能查阅相关资料，能制订生产方案				
4	任务实施	能根据生产任务单和作业指导书实施生产步骤，完成任务				
5	项目验收	依据相关技术资料对完成的工作任务进行评价				
6	工作评价与反馈	针对任务的完成情况进行合理分析，对存在问题展开讨论，提出修改意见				
	合计					
评语						

指导老师签字＿＿＿＿＿＿＿＿

参考文献

[1] 刘敏,范贵生.再制干酪加工技术综述[J].农产品加工,2004.
[2] 李星科.干酪发酵剂的筛选及干酪加工工艺研究[D].石河子大学,2007.
[3] 魏玮,赵征.新鲜软质干酪加工工艺的研究[J].中国乳品工业,2007.
[4] 孙洪蕊,黄姗,刘香英,等.凝固型复合谷物发酵乳加工工艺优化[J].吉林农业科学,2021(4-6).
[5] 李欣霏,王彩云,王新妍,等.发酵乳加工工艺及检测技术研究进展[J].乳业科学与技术,2021,44(5):43-50.
[6] 谭钰.HACCP在乳粉加工中的应用[J].现代预防医学,2001,28(3):379-379.
[7] 王新妍.巴氏杀菌乳品质影响因素的研究[D].沈阳农业大学,2020.
[8] 马建军,张晓光,李兰红.超高温灭菌乳的生产工艺与技术要求[J].现代化农业,2000(1):1.